酒娘心

從眷村幸福酒釀開始

每天一湯匙甜酒釀，
養生、美容、調整體質，好吃又簡單。

〔修訂版〕

自立甜酒釀第二代傳人
龔詠涵
—
著

目錄 • Contents

〔專文推薦〕從健康走向覺悟

國際禪學大師 洪啟嵩

> 詠涵的新書，將兩岸三代的親情與鄉愁化入酒釀，
> 從傳承到創新，將老祖宗的智慧，
> 化為守護現代人健康的美食。

2013 年中秋，在雲岡石窟研究院張焯院長的盛情邀請下，我於雲岡石窟舉辦了一場「月下雲岡三千年」的幸福盛宴。近二百位兩岸文化與企業界菁英相聚雲岡。

近十五米高的雲岡大佛沐浴在銀色的月光中，慈目注照，歡喜微笑。上海音樂學院團隊悠揚的琴聲流瀉而出，東方歌舞團的印度舞者在嫋嫋樂音中，翩然起舞。台灣京劇國寶魏海敏女士化身為維摩丈室的天女菩薩，演出貫穿時空三千年的〈天女散華〉。

這場如夢似幻的幸福聚會，其中的重頭戲「雲食花宴」，正是由詠涵帶領雲岡石窟研究院餐飲團隊所備辦。她以佛法中構成宇宙萬象之地、水、火、風、空五大元素，呈現五輪塔型擺盤，使食用者五大調和，能量增長，在飲食中體悟宇宙實相。

「月下雲岡三千年」的盛宴，所呈現的是全方位的「覺幸福」生活，無論是音樂、戲劇、飲食，都能成為體悟實相的契緣。正如同《楞嚴經》二十五圓通的修行法門，正是以人身所具有的條件，所引生的修行法門。我們身心主體接觸外境的六根：眼、耳、鼻、舌、身、意等六根，及主體所接觸的外境：色、聲、香、味、觸、法等六塵，及根、塵相觸所引發的六識等，從中入道的因緣。經中記載：藥王、藥上二位菩薩，累世為良醫，遍嘗草藥，了知味性而悟道。佛弟子憍梵鉢提尊者，成證舌根圓通。由此可知，眼所見，耳所聞，味所嘗，無一不可入道。詠涵的飲

食三昧，正是以「味」的覺醒，做為幫助人人從健康走向覺悟的因緣。

　　二十年前我提出「佛身生理學」的概念，將佛身視為人身圓滿進化的典範。以舌根為例，一般人的舌根因為執著、緊張，無法分泌充足的唾液，舌面常覆有舌苔，無法感受到食物的美味。在佛身三十二種相好中，其中一者為「味中得上味相」。因為佛陀是圓滿的覺悟者，身心完全沒有執著、緊張，舌根是完全放鬆、柔軟平順的，津液充足，即使是最清淡的食物，也能感受其中的好滋味。

　　詠涵從我習禪數十年，她不斷思惟：「如何以自身的專長，做為幫助眾生圓滿成佛的因緣？」在數十年佛法的熏習下，她從我所教授的「佛身生理學」中獲得啟發，以自身的專長，提出「覺性飲食」的理念，創發「味覺校正」體系，主旨在喚醒人們被過多的人工加味所遮蔽的味覺，充分受納食物的美味與營養。

　　她曾說過一個發人深省的故事：因為許多小朋友挑食，於是 2014 年 10 月科學家開發出一種儀器「味覺轉化盤」，只要設定巧克力風味，在太陽穴位置貼上智能微晶片，就能影響大腦，和腦細胞互相作用，控制我們的味覺，調整孩子腦部的認知，例如，當孩子偏食不愛吃青菜，就讓他在吃青菜時，腦中感覺是吃到巧克力，這樣孩子就會喜歡吃「青菜」。殊不知當大腦認定與所吃的食物不相符時，會造成錯誤反應，使內分泌系統錯亂。這雖然是科學家的奇想，卻也是現實的情況。現在人工合成香料、加工食品充斥，欺騙了我們的味覺，造成現代人身心發展的危機。此時此刻，詠涵所創發的「味覺校正」，更有著深刻的意義。

此外，詠涵還有一個深刻的心願，希望以自己的專業，幫助各地的農產植物創發更大的經濟價值，數十年來她不斷努力著。她的第一本書《不丹的幸福配方》，記載著她遠赴幸福國度不丹萃取幸福的配方。不丹又稱為「雷龍之國」，她以不丹盛產的檸檬香茅為主，調配出「與龍翱翔」香氛。2014 年，詠涵隨從我出訪不丹時，以此做為致贈不丹皇太后的禮物。皇太后十分驚喜，她從未想過，在不丹這種再平常不過的植物，竟能化身為如此高貴的香氛。

詠涵的新書《酒娘心：從眷村幸福酒釀開始》，將兩岸三代的親情與鄉愁化入酒釀，從傳承到創新，將老祖宗的智慧，化為守護現代人健康的美食。為了幫助各地的農產價值極大化，詠涵多年來積極與學術研究機構合作，她的 Lohas 工作團隊協助台灣各地農會運用當地的植物特產，萃取製成香氛保養品，開發環保無毒的產品。多年前協助龜山農會開發「保柚大地」系列，與協助大溪植物保健園開發保養品系列，都是成功的案例。

詠涵的酒釀王國，正是她的淨土。品質的堅持，是對眾生慈悲守護的誓願；精益求精，不斷的創新，是智慧波羅蜜的修鍊。看著詠涵一路走來，數十年不改其志地耕耘，如今枝繁葉茂，結實纍纍，心中萬分欣喜。祈願她的這本書，守護眾生從身心健康走向圓滿覺悟。

〔專文推薦〕 # 她‧在紛擾世間‧釀幸福

不丹前總理　肯贊‧多傑（Dr. Kinzang Dorji）

> 詠涵過去在食物、醫藥與化妝品上，
> 以及現在對於酒釀的廣泛專業知識，
> 都讓我為之驚豔。

　　本人極為欣喜得知，龔詠涵小姐繼 2010 年出版完美詳實又具知識性，以不丹的藥草植物為重點的《不丹的幸福配方》後，又即將出版第二本著作《酒娘心：從眷村幸福酒釀開始》。詠涵的第一本著作對於不丹有多方貢獻，書中的保育理念源自於國民幸福指數的發展哲學，那正是菩薩心腸的不丹國王吉格梅‧辛格‧旺楚克（Jigme Singye Wangchuck）所倡導的主張。沒有第四任國王陛下的宏觀視野、博大智慧與卓越努力，不丹就無法保有像詠涵書中所描繪的生動模樣。也因國王陛下的智慧與倡導，讓不丹延續融合現代風格與傳統習俗的中庸路線前行，而傳統醫療與現代醫學並存於不丹的醫療院所之中即是最佳例證。

　　詠涵的第二本著作亦與不丹有所關聯。我相信不丹的米酒釀造技術甚至比中國更早出現，在東亞及東南亞國家中獨具鰲頭。蒸餾釀酒的知識可能是經由貿易傳遞至印度及其他南亞地區。雖然在不丹人的巧思下，今日亦以玉米、小米及其他穀物做為釀酒原料，但不丹的米酒釀造歷史卻是跟當地歷史一樣久遠。無論是在社會上還是宗教上，蒸餾米酒（Ara）都被視為不丹傳統文化中重要的一環。當不丹人家有訪客到來時，特別是位於不丹東部的人家，他們都會奉上米酒表示歡迎之意。米酒亦是所有社交聚會裡的一部分，其中也包括不丹國民運動箭術競賽的聚會。米酒是每日用於供奉當地愛民神祇的供品，也是某些宗教儀式中不可或缺的一部分。

　　詠涵過去在食物、醫藥與化妝品上及現在對於酒釀的廣泛專業知識，都讓我

為之驚豔。無論最終是用於醫藥、食物或是化妝品方面，她對於藥用植物與藥草的關注與知識，以及她專為這些植物所設計的獨門食譜，皆讓我印象深刻。我亦曾有機會品嘗過她的部分食譜。事實上，她以獨門食譜做出的幾道拿手菜，曾是2013 年 9 月 19 日在雲岡石窟「月下雲岡三千年之雲食花宴」中的桌上佳餚，這即是詠涵在料理、香氛與醫藥專業知識上的最佳證明，而現在她亦證明了自己在酒釀上的專業知識。

　　她致力於為這些住在紛擾世間的我們提升健康與快樂，在此對於她所有的努力，奉上最誠摯的祝福。

〔專文推薦〕 # 溫暖的幸福

台灣糖業公司董事長　**陳昭義**

> 這是一本溫暖的幸福之書。
> 祝福有緣的讀者
> 都能從中獲致健康、幸福的寶藏！

　　第一次讀詠涵的書《不丹的幸福配方》，一打開扉頁，喜好攝影的我，立即就被書中跨頁滿滿的藍花楹所吸引。那是不丹的舊王宮普那卡宗五月的景象，高大的藍花楹樹下，穿著藏紅僧袍的小喇嘛，足下踏的是紫色的落花，宛如天然地毯，令人神往。

　　詠涵的第二本書《酒娘心：從眷村幸福酒釀開始》，不同於第一本書的香氛精油主題，這本書談的是酒釀，但是一以貫之的主題，都是「幸福」。這或許也是為什麼詠涵與不丹這個幸福之地一直有著奇妙而密切的因緣。書中提到總理夫人送她不丹酒麴，曾在省長家吃到的蛋酒與酒湯，從幸福之地取回的元素，更加豐富了她的酒釀王國。

　　幸福，是一種情感，更是一種責任。看到書中描寫作者早在 2005 年，消費者食安意識尚未高漲之際，就堅持不計成本使用無橘黴素的紅麴米來釀製紅麴甜酒釀，非常令人欽佩。2013 年，我出任台糖董事長之後，再三強調的政策之一，就是「食安」對不能打折。消費者願意多花點錢來購買安心的台糖產品，台糖必然得堅持並彰顯其品牌價值。

　　為了讓台糖出廠的每一批產品，從原料、添加物、產品到供應商，都有清楚履歷及管理，我責成台糖企劃處、資訊處及各事業部同仁合作開發了一套「食品安全追溯管理系統」，並電腦化成為有系統的「即時」管理工具，這是國內食品業首創。對我而言，食安就是不計成本，因為這樣的堅持，還被媒體取了「龜毛」

的封號。看到書中詠涵描寫尋找紅麴米的歷程，對照台灣目前不斷出現的食安風暴，深刻感受到一切必須回歸到人心，一再出現的黑心產品，不能認定業者唯利是圖，但可以確定產業供應鏈確有泯滅人性的一環。

詠涵在書中將酒釀紅糟十個月的孕育過程，比喻成照顧小寶寶，從將紅麴米加入甜酒釀開始，要隨時注意它的成長變化，還要判斷下一次探望時間，並注意它的「生理需求」，要攪拌、要靜置、要升溫、要降溫……一切以它的需求為考量，而不是放任讓它自己發酵熟成。她說，她的紅糟是有生命的。或許是這種情感，讓本書從頭到尾都洋溢著溫暖的幸福感。這種情感與熱忱，正是一般人所缺乏的。就如同洪啟嵩老師所說，現代人是被迫成為職業人，而非以工作來圓滿自身。

許多人問我：為什麼在退休後重出江湖接掌台糖？除了長官的抬愛與家人的支持外，對台糖有感情，更是一個重要的動力。一來自己是農家出身，台糖業務也是自己本行，對於以農為本的台糖有親切感；二來自身的許多專業知識，也是來自早年糖廠的實習。民國 60 年代的台糖很強，每個糖廠都是當地的經濟重心；特別是糖試所，我的多位師長都是糖試所的評議委員，對糖試所讚譽有加。接掌台糖之後，我一直感到深刻的責任，祈求能將這塊金字招牌重新擦亮。這種情感和責任，經常是支持自己在疲憊的身心下，不斷前進的動力。

詠涵書中提到，她常和釀製過程中的酒釀說話。這讓我想起，今年元月台糖畜殖事業部的創舉：開始讓飼豬聆聽洪啟嵩老師的〈放鬆禪法〉導引 CD。由於

自身的信仰，心中常掛念著，如何幫助台糖每年飼養的三、四十萬頭飼豬？洪老師是一位大善知識，請益之後，他建議台糖可以讓飼豬每天聆聽放鬆禪法。

　　這套方法經過哈佛醫學院教學總醫院實驗，是全球均可使用的身心解壓妙法，在亞洲多次重大災難中，也幫助災民和救災人員心靈重建。而大規模運用在動物上，台糖應是首例。洪老師說，這套方法能幫助飼豬提升健康、體內清淨，對消費者的身心也有大利益。此外，聆聽放鬆禪法能幫助飼豬臨終時身心安穩、往生淨土，遠種菩提之因。對一個學佛者而言，這是自己最希望幫助牠們的。台糖飼豬使用放鬆禪法，也成為台灣畜殖生技跨入心靈領域的先驅。

　　看到詠涵的百變酒釀食譜，我會心一笑。對自己認定是好的東西，都有一種想和大家分享的熱情。有媒體朋友稱我是台糖的超級推銷員，從養生的概念出發，大力推廣台糖產品。我最津津樂道的，是台糖種植的非基改本土黃豆，它的甜度相當高，可以直接製成豆漿飲用（不需過濾）；將黃豆浸透加入白飯一起煮熟的吃法，有很多朋友食用後都非常稱讚，希望有更多民眾能夠了解及支持本土農業產品。

　　很高興《酒娘心：從眷村幸福酒釀開始》出版上市，這是一本溫暖的幸福之書，或許正如同詠涵為她心愛的甜酒釀所下的註腳：一個能溫暖全家大小的幸福甜點。祝福有緣的讀者都能從中獲致健康、幸福的寶藏！

〔專文推薦〕 **酒釀是超級食物，更是良藥**

知名美食家・創新科技大學餐旅助理教授 張瑀庭

> 酒釀從養菌開始，經過長時間的累積，
> 蘊藏多少心血，是老祖宗遺留下來的好寶貝，
> 更是現代人醫食同源的良藥。

在 2015 年這個年代，發酵食物是一門很重要的顯學。

酒釀，看著它不停的冒氣泡，就讓人覺得元氣滿滿滿。

酒釀，讓我想到米麴、鹽麴、清酒、味噌、納豆等一堆火紅的健康食物，過去平價的補品，就是天氣冷來碗酒釀甜蛋。

酒釀幾乎是跟眷村畫上等號。書中很多思鄉情懷和懷念的滋味都從一碗酒釀開始，章節中的真實故事在在觸動我心。

酒釀從養菌開始，必須經過長時間的累積，背後蘊藏多少心血，最棒的是蘊藏許多活性益菌、酵素、維生素、礦物質……等能量。用現代醫學的眼光來看，酒釀可說是超級食物，是老祖宗遺留下來的好寶貝，更是現代人醫食同源的良藥。

我習慣拿酒釀來燒魚做菜，滋味總是讓人稱奇，其實秘訣就在調味中加入少許的酒釀，所以才會多了圓潤柔和甘味。到了夏天，怕吃冰太寒，我也會把酒釀加入新鮮百香果中做成消暑的甜湯；冬天在東京築地市場閒晃，我喜歡在市場邊點一壺甘酒，享受充滿細膩的芳香，身體慢慢暖和也逐漸通體舒暢。

　　酒釀簡直是料理的神奇之寶，舉凡醃肉（軟化肉質）、調酒、做醬都可以有畫龍點睛之妙。詠涵是我認識很久的「酒釀教母」，前陣子聽她說家中酒釀事業暫時停擺，起因於鄰居施放爆竹不慎受到牽連，祝融肆虐致使大部分的菌種敗死，現在看到《酒釀心：從眷村幸福酒釀開始》出版上市，幾乎是酒釀自傳的專書，無異是酒釀的浴火重生，藉著詠涵的口來述說自己的身世和來龍去脈。

〔口碑推薦〕 **以酒釀結緣，釀出好口碑**
（各界推薦依姓名筆畫排序）

因為甜酒釀，結識作者詠涵。

這些年，看著詠涵推廣傳統養生美食甜酒釀的用心認真與無私分享，著實感動！

於今，更大方的將串連三代親情的甜酒釀家業，其製作經驗和飲食甜酒釀的心得、好處集結成書與讀者共享，不僅令人欣喜，更感受到詠涵的真誠。

在此衷心推薦，這本值得閱讀收藏的好書，也是每一位希望健康、青春、容顏不老的人的必備參考書。

—— **向學文** 天然食材保養講師

看了詠涵釀的醋與品醋後令人驚艷不已。與其說她是個科學家，不如說她是一個天才。

—— **邱復生** 台開集團董事長

吃過詠涵的酒釀，真的很好吃，吃了暖暖的。有這麼好的功效，應該早點告訴大家。

女兒從小體寒，青春期又到天寒地凍的地方讀書，如果當時知道酒釀的好，真該早點給她吃。

信誼出版的《傳家》春夏秋冬套書中，作者姚任祥女士也特別採訪了詠涵道地的眷村酒釀，收錄其中。

恭喜詠涵的書《酒娘心：從眷村幸福酒釀開始》出版，知道這麼好的酒釀竟然已有傳人了，更令人欣喜，真所謂家學淵源了！

—— 張杏如 信誼基金會執行長

接種酒麴的米飯，進而糖化發酵，散發出自然甜味以及淡淡酒香，幻化成美妙的酒釀滋味。

感謝詠涵老師帶領我們進入千變萬化的酒釀天地，《酒娘心：從眷村幸福酒釀開始》推薦給大家。

—— 許秀綺 HUG 網路超市

詠涵釀的道地眷村酒釀，不論是用新鮮酒釀來做甜點或是用老酒釀來調味烹飪，都是最佳的選擇。

—— 郭主義 型男主廚

詠涵的家傳「酒釀是有機米釀的，品質好不在話下，但是這一瓶甜酒醋真是令我驚豔，我從來沒有喝過這種東西，怎麼會這麼好喝？這幾乎是我喝過最好喝的醋，要不是因為它滿珍貴的，我真想大口大口喝個過癮，我發現台灣有不少好東西，只是等待你去發掘。」

—— 陳俊旭 美國自然醫學博士
（轉載自 2007 年 7 月 12 日的「陳博士的聊天室」）

〔作者序〕 **酒娘心**

自立甜酒釀第二代傳人 龔詠涵

當住了三十幾年的眷村「自立新村」要拆建時，內心真的是萬般不捨，我常在想，能替這個村子留下什麼來紀念與回報呢？

是酒釀吧！酒釀的香氣就如同眷村濃厚的人情味；而它甜蜜的滋味則是眷村生活中最精彩的回憶。嚴格的釀製過程，就像是軍人服從鐵的紀律一般；而細心呵護酒釀的心，有如父母親對我們姊弟三人永遠的愛。

很多人第一次聽到「自立甜酒釀」時，都會覺得很老土，常常有人勸我換一個比較時尚的名字，那是因為他們不了解「自立」對我們的意義，酒釀是在自立新村誕生的，我們則是在此成長，「自立」這兩個字不但有著濃厚的眷村精神意義，代表著自立自強，更期勉著下一代要自強不息。

父親在 63 歲時才開始經營我們的酒釀王國，在這之前他壓根也沒想過有一天會把思鄉的心轉化成一瓶瓶幸福的酒釀，我雖然從小愛吃酒釀，卻也從來沒有想過有一天自己會一頭栽進酒釀的世界裡。

記得 2004 年剛接手家傳酒釀時，首先是想如何用一句話來形容我們的眷村酒釀呢？那時候腦海中浮現的是全家人吃酒釀的幸福畫面，酒釀香氣也似乎由記憶中漫溢出來，當下不假思索為酒釀下了一個定義：甜酒釀是一個能溫暖全家大小的幸福甜點。從此我就以這句話當成我們自立甜酒釀的口號。

接著覺得既然承接了酒釀王國，就應該要徹底研究，用科學的方式來解釋酒釀的原理，證明酒釀不是老古董。在早期物資不發達的農業社會，酒釀在營養補給上佔有很重要的地位，在食安問題嚴重的今天，酒釀更以不需添加任何食品添加劑的優勢，扮演著天然食物的重要角色，這麼好的天然食品與豐富的科學內涵

只靠我一己之力慢慢推廣與教學實在是太慢了。

出書吧！書籍的擴散力與持久性將是我百千億的化身，寫酒釀書這個念頭在我腦海中已經盤旋十年了，當自己越來越了解酒釀後，又發現市面上竟然沒有一本專門講酒釀的書籍時，就告訴自己一定要寫一本以酒釀為主題的書，這是使命，也是傳承，更是一份責任。我希望這本書不但能把酒釀說清楚講明白，更希望這本酒釀書能夠成為傳世的好書。內容要很活潑，就像精彩的故事書，當看完一篇篇有趣的故事後，也學會了酒釀的原理與技術，所以我以說故事的心情來撰寫，希望讓更多人了解一年四季吃酒釀的好處。

很高興這本書即將要出版了。

書名「酒娘心」的構思來自屏東科技大學木材科學與設計系的同學傅少瑄與林培潔，這兩位青春美少女以「自立甜酒釀」的故事當成畢業作品主題，她們認為「酒娘心」有「酒娘」與「娘心」的雙重意義，酒釀又稱酒娘，而「娘心」代表著父母親對子女無限的愛與呵護，就如同「自立甜酒釀」傳承的不只是做法，其中的親情讓眷村酒釀更加溫暖，我認為這份溫暖也正代表著眷村「酒釀的心」，非常感謝她們的構思讓我找到這麼貼切的書名。

謹以此書

向同在酒釀傳承中努力的酒釀同業們致上最高敬意，因為有您們讓我在傳承與推廣酒釀這條路上不會覺得孤單；並向在網路世界中辛勤整理酒釀新知的同好們致謝，因為有您們讓更多人可以吸收到酒釀新資訊；也懇請在此領域的前輩們能夠不吝賜正，讓我有更多的學習機會。

也在此

感謝我的禪學老師洪啟嵩先生，因為您的教導讓我學會用一顆最柔軟的心來培育我們的酒釀寶寶們。

感謝不丹前總理肯贊閣下對於我的了解與寄予的厚望，如同洪啟嵩先生所說，台灣與不丹是地球的一雙眼睛，我相信這雙睿智的眼睛會為人類開創更幸福的明天。

感謝朝陽科技大學視覺傳達設計系主任王桂沰教授為我們的酒釀設計出具有眷村味的識別標誌。

感謝《傳家》作者姚任祥女士，為了書中的〈春天〉麴釀篇，親自到訪，還將我們眷村酒釀的傳承精神，收錄於這本值得代代相傳的寶書中。

感謝 HUG 網路超市的許秀曼總經理，在市面上尚無有機米酒釀時，因為您的積極與用心，讓我得以早日實現以有機米來釀製酒釀的理想。

感謝所有推薦人對我個人的肯定與厚愛；感謝所有成就這本書的良師益友及工作夥伴們，真的辛苦您們了。

最後感謝我的父母親把幸福的傳承留給了我。謹以此書——

獻給即將過九十歲生日的父親，我相信這是最甜蜜的生日禮物。

Chapter 1

來自眷村的
幸福甜酒釀

芋頭配番薯，雞同鴨講不清的酒釀

從小住在內壢的眷村「自立新村」，最期盼就是聽到賣酒釀的老伯伯用渾厚又充滿鄉音的嗓音高喊：「甜～酒～，甜～酒～」

老伯伯推著一輛腳踏車，後座的兩旁分別掛著一個大箱子，裡面裝著酒釀，這些酒釀都是裝在小陶甕，要買酒釀的就拿自家的碗來裝，每當這時候就會看到各式各樣容器出現在老伯伯的四周，等著他將陶甕裡的酒釀倒進客人拿來的碗中。

在酒香四溢的腳踏車旁，我總是小心翼翼地捧著碗，抬頭望著老伯伯；酒香刺激著我的味蕾，讓我一邊嚥著口水，一邊期待他趕緊注意到小個子的我。每次老伯伯接過碗，就像是非常了解我的心情似的，總是等陶甕裡的酒汁滴完，再甩個兩下，才會將裝酒釀的碗交還給我，令我覺得既幸福又滿足。

可是不曉得從什麼時候開始，老伯伯就沒有再推著酒釀的車子出現了，後來我才知道是年紀大了，沒有體力再做酒釀。沒有酒釀的日子總覺得生活中缺少了什麼，直到父親開始自己做酒釀，我才再度吃到熟悉懷念的童年滋味。

不過，父親可不是本來就會做酒釀的喔！而是**靠著自己摸索、實驗，請教別人，不斷地嘗試、調整，直到回家鄉取經，才成功做出故鄉的酒釀滋味，讓母親品嘗到真正的酒釀。這段心路歷程是我們家酒釀的誕生故事。**

父親出生在湖北省潛江縣，1949 年隨著通訊部隊撤退來台，而母親是土生土長的台灣姑娘，結婚以前聽都沒聽說過什麼是酒釀。

母親告訴我，結婚後，父親休假時常常窩在廚房裡，說要做好吃的酒釀給她吃，那是她第一次聽到「酒釀」這個名詞。

她描述父親忙著洗米、蒸米，還把煮飯鍋用睡覺蓋的棉被包起來，說要找個好地方藏著不讓人碰，這些舉動完全顛覆她的思想，她實在無法理解「飯」為什麼要「蓋棉被」，而且還要蓋好幾天。雖然覺得很新奇，但等到最後她依舊滿頭霧水，答案揭曉那天，她只看到一鍋發了霉的飯，還有一臉失落的父親。

好吃的「酒釀」沒有做成功，父親也無法讓母親知道「酒釀」到底是個什麼樣的滋味？

以鄉愁堆疊出記憶中的家鄉味

那一鍋失敗的酒釀，對父親來說是一鍋濃濃的鄉愁。當年父親一個人來到遙遠的台灣，與親人完全斷了音訊，更不知此生能否再相見⋯⋯每天思念著家鄉的父母，所有的思念全化作一道道腦海中的家鄉味。他回想在

家時，我的奶奶是如何在廚房為全家人準備餐點，不斷打撈記憶中的香氣、印象中的食譜，藉由這些美好的回憶，重現往日情懷。

所以小時候家裡常吃到自己擀皮的餃子，自己做的麻花卷、甜甜圈及像蝴蝶結一樣的小脆餅。逢年過節，父親還會做滿滿一桌的家鄉菜，令人記憶深刻的是粉蒸肉、珍珠丸子⋯⋯等等。當時以為父親在家鄉時一定很會煮菜，直到長大後，才明白這是父親懷念家鄉、想念家人的一種方式。

他憑著瑣碎的記憶片段拼湊出這些家鄉味，把思鄉之情化成盤中飧。小小年紀的我，只知道開心地吃父親煮的家鄉菜，從來不知道這背後的意義，直到年過半百，才理解父親當時內心的百感交集與那永無止盡的鄉愁。

圖中簡單的工具是自立甜酒釀的傳家寶，當年沒有精密的電子秤，萬能先生自己製作桿秤，利用螺絲帽當秤砣，後來與電子秤比較後，毫無誤差。

我的父親是「萬能先生」

父親即將九十歲了，他常說自己不是很聰明，沒什麼學歷，但是從年輕到現在，母親總稱讚他是「萬能先生」，很多事情無師自通，常常像魔術師一樣變出讓人訝異得說不出話的東西，似乎什麼事都難不倒他。

父親設計的產品往往十幾年後才會在市面上看到類似產品問世，功能卻還不見得有我們當年所使用的好，唯一比過我們的只有美麗的外觀。母親常笑著說：「爸爸組裝的機器，功能

萬能先生有如馬蓋仙，什麼都能自己做、自己修，正在為機器做校正。

都是最好的，只是都沒有穿衣服。」

二十多年前陪著父親第一次回鄉探親時，只要遇到認識父親的人，他們一定會很興奮地告訴我，父親少年時曾用鐵片設計、組裝一艘動力小汽船，放下池塘後，自己就動了起來，當時轟動了整個村子。

這個故事在父親離家四十年後，全村的人依舊記得。我看著眼前經過幾十年歲月洗禮依舊純樸的村莊，就知道父親做的事在當年的鄉下有多麼轟動了。

父親年輕時做的電池品質不輸市面上的，原本想仰賴專長做個小生意，卻因戰亂隨部隊輾轉來到台灣，除了身上穿著一件姑姑為他織的毛衣外，他沒有帶走家中任何的東西，甚至親人的相片。後來毛衣破損不能再穿了，父親捨不得這唯一帶出來的寶貝，他只好拆了重新織一件背心。

我曾經好奇的問父親：「姑姑有教過您織毛衣嗎？」

「沒有。」

「沒有學過，您怎麼可能會織毛衣呢？」

「我回想妳姑姑在家織毛衣的情景，慢慢的揣摩。」

如果父親改織圍巾，我覺得難度還

沒那麼高，但他竟然是憑著零散的記憶去拼湊織出背心。究竟要有多大的思鄉力，才能讓一個男生靠著想像和揣摩，獨自摸索織出那件背心？

在一張父母第一次約會的相片中，母親驕傲地指著照片上父親手裡拿的那台超級迷你手提收音機，說這是父親特別為她設計組裝的，走到哪聽到哪，當時可拉風極了。

走在路上大家都盯著那台收音機，看得眼珠子都快掉下來了。因為那時候的收音機都是大型真空管，體積又大又笨重，只能放在家裡聽。在我國小時，市面上二聲道的音響才剛剛上市，我們家早就在聽父親組裝的四聲道環繞音響了，我還記得當時父親跟我提過八聲道及十六聲道的構想。

小時候眷村常常停電，因為有父親的巧手，我們家的燈一定都是亮著，就像現在有停電照明設備一樣。剛開始大家都很好奇，為什麼全村就只有我們家有電？後來也就見怪不怪了。

當時一般人聽都沒有聽過太陽能，我們家就已經在用太陽能燒熱水了。雖然那時候年紀還小，但是父親曾跟我解釋過太陽能的原理及他理想中想要做的樣子；大約經過十多年，市面上才有很陽春的太陽能產品問世，但

父母第一次約會的相片有如電影劇照，男主角手上拿著自製的收音機。

是要達到父親理想中的樣子，還是一直等到三十多年後，我才終於在市面上看到。

十年前我還在教手工皂時，年近八十歲的父親問我：「現在做香皂還用苛性鈉來做嗎？」我很好奇他怎麼知道，而且苛性鈉是很早以前的說法，現在都叫氫氧化鈉。父親告訴我，我的祖父雖然留學日本，在武昌的高中教書，但是他卻認為技能很重要，送父親去雜貨店當了三年三個月的學徒，而以前雜貨店賣的產品很多要自己做，所以父親學會了製作肥皂、蠟

燭等等。

有著「萬能先生」封號的父親，幾乎所有事情都難不倒他，初到台灣時卻唯獨酒釀做不出來，他一直苦思，就是想不起來到底漏掉了哪個環節。雖然父親在家鄉時常看著奶奶做家事，但是畢竟不是女孩子，沒有跟在母親身邊學，難免有些細節沒看到，這個細節終於在一次拜訪老鄉的時候得到了答案。

母親說，有一年春節父親帶她去一位老鄉家中拜年，當時他們煮了酒釀蛋來招待爸媽，父親知道這是他們自己做的酒釀時好高興，當面請教做酒釀的方法，才知道原來他漏掉「攤涼沖水」這個步驟。因為沒有把飯完全撥散，高溫與一小坨一小坨的米飯不利麴菌發酵，才會導致失敗。

那是母親第一次吃到酒釀，她覺得一點都不像父親說的那麼好吃，還帶有一點點怪怪的味道。父親告訴她真正好吃的酒釀不是這樣，但因為沒有家鄉的好酒麴，一直無法讓母親了解什麼是「家鄉酒釀香」，而我們也都很想知道父親心目中的家鄉味到底是什麼樣的味道？

在眷村裡兼做小生意，門口曾掛著修理電器的招牌。

一家人在自立新村家前合影

一口家鄉甜酒釀，解四十年鄉愁

父親到台灣一晃眼四十年過去，終於盼到了開放大陸探親。當年回鄉真不容易，先由台灣坐飛機到香港，接著搭火車到武漢，再乘坐好幾個小時的車，回到潛江的鄉下竹根灘，總共花了七天的時間，才由台灣回到了湖北老家。

回一趟家鄉需要七天的時間，儘管路途遙遠，還是想要回家看看。

返鄉路上興奮又情怯

我還記得當火車進入湖北省時，坐在軟臥的父親再也坐不住了，他站在車廂臥鋪外的走道上，眼睛望著窗外一直搜尋著。我告訴他：「還要好幾個小時才會到呢，先坐下來吧。」他笑著說：「坐不住啊！」

近鄉情怯的心情全寫在父親臉上，唐詩〈渡漢江〉中「嶺外音書斷，經冬復歷春，近鄉情更怯，不敢問來人。」正是父親心情的最佳寫照，這必須是曾經遠離家鄉的人，才能體會到的牽腸掛肚。

父親離家四十年了，家人的容貌雖深植於記憶中，但也隨著時間停止於離家的那一刻。日夜牽掛的家人可安好？父母親還健在嗎？當年離家的年輕小夥子，如今歸來卻已是花甲之年，家人可還認得自己呢？四十年了，回家的路是否依舊？

他擔心認不出回家的路，所以一路上雙眼搜尋著，希望看到熟悉的當年景象。

父親笑著形容自己的情境與〈回鄉偶書〉一樣，「少小離家老大回，鄉音無改鬢毛衰，兒童相見不相識，笑問客從何處來？」一趟返鄉之旅，讓我深刻地體會詩詞中的意境。

家鄉酒釀依舊香

一向沉默寡言的父親，回到家鄉那天，滔滔不絕地訴說著我從來沒聽過

為了風塵僕僕來訪的客人，奉上家
中最好的東西，大碗公中除了自家
製的酒釀、四個蛋包與大量的糖，
還有滿滿敬意與誠心。

客人一到，家鄉長輩立刻生火燒水，準備煮酒釀。

的塵封往事，那天父親所說的話，比我從小到大聽他說過的話還要多。

父親回到家鄉吃到的第一份食物，就是他日夜思念了四十年的家鄉甜酒釀。當時，他望著酒釀的神情及吃著酒釀的笑容，那種幸福又滿足的神情，我一輩子都忘不了。

看著父親放下強壓在心口上四十年的思鄉情時，整個人變得神清氣爽，臉上散發著光澤，笑容如此迷人，我跟母親都感覺到父親好像突然間年輕十幾歲。

回到台灣後，還特地找出舊相片比對，父親確實是回春了十多歲，除了感受到「家」所帶來的力量，我跟母親也終於嘗到父親所謂的「家鄉酒釀香」了。

令人大開眼界的迎賓酒釀蛋

在家鄉作客時，才知道主人會為每位客人準備一大碗公酒釀蛋，當雙手

回到家鄉，總有滿桌家鄉菜與酒釀蛋迎接大家。

鍋裡放入蛋包，替大家準備一碗熱呼呼的酒釀蛋。

家鄉長輩特別製作許多酒麴,將家鄉味真正帶到台灣。

接過這碗香氣誘人的酒釀蛋時,口水幾乎都快流出來了。仔細一看,碗內飄著四個蛋包?!沒錯,是四個白白嫩嫩的水煮荷包蛋。拿起湯匙要攪拌吹涼時,發現碗底竟然是厚厚一層沒有攪動過的糖,我帶著懷疑的眼光望了父親一眼。

父親說:「在家鄉,這一碗甜酒釀可是主人對客人的最高敬意!」

原來父親小時候家鄉物資貧乏,生活節儉且辛苦,當地又不產米,無論是白米或者糯米都是昂貴的外來品,

湖北家鄉的氣候適合製麴,可以放心把酒麴攤在屋前晾曬風乾。

只有過年才吃得到用糯米做的甜酒釀，平時嘴饞就只能用現有的雜糧做來吃，香氣和口感當然沒有用糯米做的好，而且糖和雞蛋也是很珍貴的奢侈品，平常大家都捨不得吃。

「主人把家裡面最好的東西都拿出來招待，如果沒吃完，主人心裡會很難過。」父親接著說。

當然現在的人一定吃不完，但是以前大家生活清苦，難得吃這麼好，一大碗公酒釀蛋兩三下就吃光光了。回到家鄉的第一碗酒釀蛋，吃得既幸福又滿足，可是接下來一天拜訪十家親戚，對於愛吃酒釀的我，這一碗酒釀蛋卻成了最甜蜜的負擔。

即使那年回鄉吃了好多好多的酒釀蛋，不過，我不但沒吃怕，反而更愛吃酒釀了，更希望自己能牢牢記住家鄉酒釀特有的香氣，回台灣後一定要做出一樣的味道。

「做出家鄉味酒釀」是父親唯一的動力

知道雙親早已不在，父親心中雖然難過，但還好家鄉有位堂嫂對父親非常關愛，「長嫂如母」的觀念讓這位長輩對我們全家疼愛有加。她知道父親愛吃酒釀，就想要做些酒麴給我

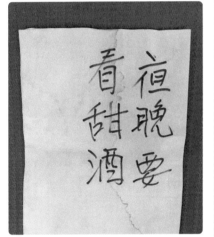

製作酒釀需要全心投入，連晚上都要起來照顧，老先生會寫紙條貼在牆上提醒自己。

們帶回台灣，可惜第一次回鄉時還不到做酒麴的季節，等到第二次回鄉探親，我們才得償心願帶回酒麴。感謝她特地親手做了好多上等酒麴送給我們，並且傳授了一些做酒釀及酒麴的方法，就這樣種下了我們「酒釀王國」的因緣。

回到台灣後，剛開始好高興能常吃到香氣誘人的家鄉酒釀，但轉頭望著可以吃上好多年的上等酒麴，卻又擔心這麼多的酒麴要用到什麼時候呀！好不容易帶回來的酒麴要是放壞了多可惜。

後來母親提議：「村子有十多年沒

人來賣酒釀了，一定有很多人想吃好酒釀卻又買不到，而我們有那麼多上好的酒麴，做出來的酒釀品質都是甜蜜蜜，香氣十足，我們要不要來賣賣看呀？」

就這樣我們的「酒釀王國」開始營業，但那年父親已經六十出頭了。雖然有我跟母親一起幫忙，對於上了年紀的父親來說，製作酒釀非常的耗體力，可說是件苦差事。在初期一切克難的情況下，為了讓酒釀在冬天能順利發酵，實在是比照顧嬰兒還累。父親一心只想做出美味的家鄉酒釀，讓眷村同好們也能一解鄉愁，而這也成為父親最大的動力，驅使他一年一年的做下去。

開始賣酒釀後，大門旁掛上了與釀酒相關的春聯和甜酒釀的招牌。

Chapter 2

酒釀王國接班人

克紹箕裘，承繼家傳酒釀香

愛吃酒釀的我，婚前一直跟在父母親身邊協助酒釀的製作，但結婚後要照顧家庭、孩子，沒有辦法再繼續幫忙。看見父母做酒釀勞心勞力，很心疼，常會請求他們不要再那麼辛苦，就讓大家永遠懷念這個味道好了。

當時我完全沒有想過要傳承酒釀的製作，因為父親要求的工序十分嚴格繁瑣，我打從心裡感到害怕。有時父親累到不行的時候，他會說：「我最多做到七十歲就要退休不做了。」

酒釀情結的羈絆

但是每當想要退休時，卻又禁不起鄰居對他們說：「我女兒要回來做月子了，您可要幫我做酒釀喔！」

還有急忙跑來求救的鄰居說道：「還有沒有酒釀呀！我的孩子打電話回家問有沒有酒釀，如果沒有酒釀，他假日就不回來了。」又或者「我小孫子回來都吵著要吃你們家的酒釀，你們可要繼續做下去喔！」

感受到酒釀具有讓遊子歸家的動力，衍生出父親無法退休的酒釀情結。於是在使命感的驅動下，父親撐過了七十歲，辛苦做到七十八歲才宣布退休交棒。而在我們接手後，父親還一直輔導我們到他八十歲，才真正的完全放手。

2004 年，七十八歲的父親終於宣

自立甜酒釀創始人，將湖北家鄉的甜酒釀滋味重新在台灣發揚，目前已經傳承到第三代。

來自眷村的酒釀，當然不能在眷村文化節中缺席，也成為眷村的代表性食品。

布這次真的要退休了，我當然以歡欣鼓舞的心情迎接這個好消息，但正當覺得放下心中最大牽掛時，舅舅卻建議我與先生接下酒釀的傳承。

已經做酒釀做到怕的我，好不容易才盼到父親終於真的要退休了，壓根就不想接下這個重責大任，但是沒有想到結婚前不知道什麼是酒釀，結婚後也從來不吃酒釀的先生竟然一口答應下來。

在我還半信半疑的時候，他已經開始在假日帶著當時小學五年級的女兒，在附近眷村擺攤子賣起酒釀，收攤後就跟在父母親身邊學做酒釀。那時我全心忙著保養品及手工皂的教學工作，僅僅觀望並等著先生自己打退堂鼓。

全家齊心接下重擔

很快地半年過去，先生竟然越做越起勁，還愛上了酒釀。從小吃「外婆的酒釀」長大的女兒，頂著自封的「酒釀公主」頭銜，更是愛死了擺攤賣酒釀及學做酒釀的假日生活。看著他們度過了適應期，我依舊觀察著，不同的是我開始抽空幫忙一起做酒釀。直到一年後，我才真正相信先生有接下酒釀事業的決心。

婚前的我在娘家幫忙做酒釀，只是一心想分擔爸媽的工作，希望有一天可以不要再做這勞心勞力、沒什麼利潤的小生意，真的從沒想過自己竟然會有勇氣接下傳承的重擔。

但既然決定要接下，就要負起這個使命所賦予的責任，於是我下定決心要認真去探索酒釀的種種。

探索酒釀裡的文化

記得爸媽剛開始販售酒釀時，有一次我遇到一位好久不見的同學，她是個子非常嬌小可愛的山東妞兒。

她問我：「好久不見了，都在忙些什麼呢？」

我告訴她：「我在家幫父母親做酒釀。」

她好奇地問我：「什麼是酒釀？」

我瞪大了眼睛反問她：「妳不知道什麼是酒釀？」

她很乾脆地說：「是啊！」

我還記得自己當時義正辭嚴地數落她：「外省人不知道什麼是酒釀，算什麼外省人？」而她無辜望著我的樣子，至今印象都還很深刻。

米之鄉才出好酒釀

多年後，有天跟父親聊到酒釀時，我突然想到這件事，把外省人不知道什麼是酒釀的故事，當成笑話講給父親聽，沒想到父親的回答卻讓我懊悔不已。

父親說：「<u>酒釀是在產米的地區才有的，山東人是吃麵食的。</u>」

父親沒有指責，也沒用長篇大道理

解釋，短短一句話讓我對自己的自大及錯誤觀念感到羞愧，居然以未經求證、自己沒有弄懂的事去誤會別人，實在是太對不起這位同學了。當下我在心中告訴自己，以後凡事都要小心求證，千萬不可以再大膽假設、一口咬定了。

雖然後來我所認識的山東朋友裡面，喜歡吃酒釀和會做酒釀的也不少，但是當自己開始要去解開酒釀的

神奇魔法時，這個故事不斷地在腦海中提醒自己，必須事事求證，尤其是對於知識的傳承，一定要弄清楚才不會散播錯誤訊息，以後到學校授課也不致誤人子弟。

家家都有甜酒釀的神奇故事

從小只知道酒釀很好吃，只希望能夠常常吃到酒釀，除此之外一切有關酒釀的事，我一點都不關心，也提不起求知的心。

長大後，為了減輕父母的工作量，便跟隨著父母親協助他們製作酒釀，在賣酒釀的過程中，聽到酒釀療效的神奇事蹟，往往因為自己是學醫事檢驗的，難免有著凡事講究科學數據與科學理論的心態，加上這些長輩只知道酒釀很好，卻說不出所以然，因此這些沒有科學根據的事情，我多半都只是聽聽而已。

印象中，父母在眷村傳統市場的小小攤位就像個情報交換中心，婆婆媽媽及老伯伯們常會在那裡分享一些個人使用心得，也因此讓我發現到酒釀除了是好吃的點心，對這些長輩來說更是具有神奇療效的食物。比如──

張媽媽常說每天喝一碗熱騰騰的酒釀是她預防感冒的法寶。

酒釀攤上就像是小型的情報交換中心，大家分享著酒釀的好處與獨家的食譜。

李伯伯最喜歡推薦大家每餐飯後直接吃一口酒釀，他說：「這樣**能幫助消化，讓腸道順暢**，我都是靠這樣來保健的。」

吳媽媽最擔心冬天身體像冰棒的女生，老是提醒大家：「吃酒釀可以活絡四肢，女生不論什麼年齡，一定要常吃酒釀，**冬天手腳暖呼呼的，根本不怕冷。**」

陳媽媽說：「我女兒<u>坐月子期間用酒釀調理</u>，不僅臉色紅潤、皮膚細緻，身體也變得更好了。」

趙媽媽手裡抱著心愛的小孫子炫耀地說：「我那媳婦哺乳期奶水不足，我要她多吃酒釀，你看！現在**奶水充沛，乳房也沒有變形**，小孫子也餵得白白胖胖的。」

曾伯伯說：「我睡覺前喝一小碗熱酒釀，**每天都是一夜好眠**，哪還需要吃什麼安眠藥。」

蕭媽媽常常語重心長的說：「沒跟兒子住一起，媳婦又不懂得在孫女青春期時用酒釀調理，現在孫女長得乾乾扁扁的，老是埋怨不停。但是女兒就不同了，懂得用酒釀來調理外孫女，把我那外孫女**養得體態豐腴，人人羨慕**，兩個女孩站在一起真是天差地別。」

汪伯伯說：「其實夏天吃酒釀也很好，**消暑解渴，不容易中暑，人也不會覺得疲勞**。」

楊媽媽則說：「如果身體虛弱、吃不下飯或大病初癒，吃酒釀來調養最好，**一定會讓人胃口大開，很快就有體力了。**」

這些婆婆媽媽、叔叔伯伯的養生調理秘方，總是讓站旁邊的我聽得一愣一愣，心中除了覺得神奇之外，更常常在想：真的還是假的，酒釀幾乎是可以從頭醫到腳了，這會不會太神奇了！但是如果沒效，他們就不會一直來買，也不會一直推薦大家吃酒釀才對呀！

親身見識酒釀神奇功效

這到底是什麼樣的原理？居然讓平凡的酒釀有這麼多的功效，而且那些聽起來都是不相干的症狀呀！……雖然滿腦子的問號，並且心裡覺得很懷疑，不過後來卻有兩件事情讓我深信酒釀的厲害功效，因為這是我親眼見證而不是聽來的。

這位令我印象深刻的客人，她每次都帶一個大甕來攤子上，請我們幫她用這個大甕做酒釀。由於她常來買酒釀，買的量又很大，加上她不是眷村

的人，我們就很好奇她究竟拿酒釀來做什麼？

而在跟這位客人比較熟識後，母親就問她：「您買這麼多的酒釀都怎麼吃啊？」

她說：「**我吃任何東西都會加一湯匙酒釀，像是吃稀飯、喝湯、吃青菜，都會拌酒釀一起吃。**」

接著她告訴我們，她的身體不好，長期在看中醫，吃了很久的中藥都改善不大，中醫師就告訴她，只有改變體質才可能讓她的身體變好，建議她去眷村找道地的酒釀，說吃酒釀是改變體質最有效的方法。之後她透過朋友介紹，好不容易才找到我們，而且這位客人連續吃半年酒釀後，整個人變化之大，連我們都要驚呼真的是太神奇了！

雖然當時覺得這個吃法好奇怪也好特別，不過後來自己也試了一下，將酒釀拌在稀飯裡面吃，還真的很好吃。尤其是加了紅麴甜酒

釀，讓顏色更漂亮，也因此讓我開始去嘗試不同的酒釀吃法。

還有就是爸爸說吃酒釀治好了他的腳腫。

父親有時小腿會水腫，用手按壓，肌肉就會陷下去，彈不上來。我本來懷疑是腎臟的問題，可是到醫院檢查後卻一切正常，雖然檢查報告讓我鬆了口氣，但我還是為他的健康很憂心。此時父親就會說：「酒釀吃一吃就好了。」說也奇怪，每次只要有這種狀況出現，父親只要連吃幾天甜酒釀就真的好了。

這一連串的神奇效果，雖然令人很想去探究原理，但是當時沒有太大的原動力讓我去找尋答案，日子就這樣悄悄的流逝了。

父親小腿水腫總是說吃吃酒釀就好，後來深入研究才知道原理。

以酒釀養生不用多吃，但要持之以恆，每天
一湯匙，單獨吃或搭配其他食物一起食用，
可養生、美容、調整體質，方便又簡單。

記錄酒釀的歷史

一轉眼十五年過去，回憶在接下酒釀傳承的初期，假日有空檔時我會跟先生帶著女兒回到眷村擺個小攤位。那時我是存著挖寶的心，想去蒐集些情報，想要真正去了解酒釀，<u>希望透過自己與長輩們的對話能對酒釀更了解，也能將長輩們如何吃酒釀及做酒釀的生活經驗記錄下來。</u>

眷村擺攤記錄長輩的酒釀經驗

每次攤子擺好後，就由當時小學五年級的女兒上場吆喝：「甜酒～甜酒～來買甜酒喔！」

有時候女兒喊得太大聲，嚇著路過的老人家，我會立刻摀住她的小嘴說：「好了，好了，這些老人家年紀大了，心臟都不太好，經不起驚嚇的，妳這樣突然喊出聲，萬一嚇著他們怎麼辦？」

「我是看那位爺爺走過攤位都沒有停下來，才會好心吆喝一聲提醒他嘛！」酒釀公主委屈的說。

「媽媽知道妳是要提醒他，可是老爺爺聽妳這麼一喊，整個人都跳了起來，肯定是被妳嚇著了，下次小小聲的詢問要不要買酒釀就好。」

一旁的先生接著說：「那位老爺爺我認識，他以前很愛吃酒釀，但是現在年紀大了，血糖高，不敢吃酒釀。我想他一定是很想吃酒釀，才會出來走走看看，卻又不敢停留。」

其實女兒跟著出來擺攤，這些爺爺奶奶們看到她特別高興，他們喜歡酒釀公主甜美的笑容，更愛這個小姑娘小小年紀已經是做酒釀的高手了。

「一定要傳承下去喔！」

眷村長輩的殷殷叮嚀不時在我耳邊響起。看著我的酒釀公主，輕聲告訴她：「酒釀要靠妳傳承下去喔！因為妳是酒釀公主嘛，所以妳要照顧好妳的酒釀王國，讓每一瓶酒釀都是幸福酒釀。」

「是的！媽媽，我一定會的。」酒釀公主笑咪咪的說。

探索酒釀的文化與原理

自從 2004 年正式接手家傳酒釀後，有著神奇魔法般的酒釀讓我對它更加好奇，心中有許多未解開的謎團。當時我常常問自己：

雖然酒釀是糯米做的，但卻已發酵成完全不同的物質，更好消化、更有營養、更好吃。

「難道就要這樣，只知其然不知其所以然的將酒釀繼續傳承下去嗎？要如何將療效原理說清楚，將酒釀介紹給眷村以外的人呢？」

「酒釀為什麼有那麼多不同的功效？這些療效的原理到底是什麼呢？」

「為什麼就一定要用圓糯米來做，其他的米為什麼做不好？」

「製作工具為什麼要非常乾淨，不能有油漬？」

發現酒釀的奧秘

下定決心找出答案後，我便開始著手蒐集酒釀的資料，卻很驚訝在市面上及圖書館找不到一本專門講酒釀的書，只有很少數食譜書會收錄一兩篇簡單的吃法。當時專業的釀造學書籍也非常少，我於是想到上網看看能否找到酒釀相關資訊，結果發現海內外有很多人在討論酒釀，但是卻找不到我要的答案，能蒐集的資訊也非常有限，多半是分享如何在家製作酒釀，

如何煮酒釀蛋、酒釀湯圓，或是懷念與家人吃酒釀的溫馨故事。

萬般起頭難，一堆無法串連的疑問和零星資訊，反而讓我迷失焦點，不知從何下手，每天在茫茫的資訊海中不斷打撈著屬於酒釀的一切。有一天腦中突然靈光一現：酒釀的製作材料那麼單純，只是將蒸熟的圓糯米飯加入酒麴發酵，如果是直接吃糯米飯並沒有這些功效，有時候還會吃到消化

不良。酒釀中到底藏有什麼樣的秘密成分讓它如此神奇呢？

喔！對了，就是「成分」！

酒釀到底有些什麼成分讓它如此神奇？這應該是關鍵，就從「成分」下手吧！而要從酒釀的成分開始探索，當然要先去追溯源頭囉！那就從酒釀的歷史身世及製作材料去發掘吧！

雖然當時找不到想要的答案，找到的外圍資訊也少之又少，不過資料少歸少，也是一個開始，還是要想辦法求證蒐集到的資訊，找不到的就大膽假設，再去小心找出能證明自己看法與論點的證據。

酒釀跨足網路世界的新里程碑

記得當時有一位同是眷村第二代，也同為手工皂老師的好友，她感嘆道

地的酒釀已經快要絕跡，建議我要在網路上銷售酒釀，讓酒釀同好可以找到，也將酒釀介紹給沒吃過的人。

對電腦有嚴重恐懼症的我，心裡面還在猶豫不決時，她已經將我們家是「道地眷村口味酒釀」的消息推薦給MSN手工皂社群的朋友們，逼得我不得不開始上網建構資訊，每天窩在電腦前超過十八個小時，以一分鐘打不到二個字的龜速，慢慢的一個字一

除了製作酒釀外，透過上課和演講推廣甜酒釀，也是很重要的工作。

個字將酒釀資訊放上網路，並在 2005
年 11 月成立了全球第一個純粹以酒
釀為主題的「自立甜酒釀社群」。

　　當年很多人分享「自立甜酒釀社
群」及「自立甜酒釀部落格」上的
資料，但是後來隨著 MSN 社群及
YAHOO！奇摩部落格的結束，這些
不斷被轉載的資料已經沒人標示來源
出處了，這十年來只要上網查詢酒釀
資料，看到的幾乎都是自己當年放在
網路上的資訊。有些是被重新整理過
才刊出的，但多半是一字不差……

　　這些資訊的流傳受到喜愛與肯定，
顯示出大家對酒釀的關注與好奇，讓
我對酒釀的傳承感到責無旁貸，因此
促使我更想出版一本以酒釀為主題的
書，用很輕鬆、說故事的方式讓不同
年齡層的人也可以重新認識酒釀。就
如同當初在酒釀社群中邀請大家來參
與的一段話：

　　甜酒釀是一個能溫暖全家大小的幸福
　　甜點
　　不論您是～～～
　　做酒釀的高手
　　或是吃酒釀的老饕
　　還是酷愛烹飪的料理行家
　　我們都虔誠的邀請您來加入
　　讓大家有這份榮幸分享您寶貴的經驗

　　或許您～～～
　　從沒聽過酒釀
　　或是從沒吃過酒釀
　　還是從沒吃過好吃的酒釀
　　我們更是熱切的期盼您能加入
　　歡迎您來重新認識道地的眷村酒釀

Chapter **3**

探索酒釀的身世

酒釀歷史悠久，是流傳於中華民族代代相傳的傳統米類發酵食品，真正的起源不可考，但是應該源自人類使用稻米來釀酒，因為酒釀是圓糯米加入酒麴發酵而成的一種風味食品，其味道香醇可口且有酒香味，製作方法屬於釀酒的前段步驟。

南米北麵，主食不同

大陸幅員遼闊，南方與北方除了因地理分界，更是氣候的分界。南北氣候以秦嶺到淮河為界，由於氣候的關係，種植的糧食不同，因此形成了「南米北麵」的飲食文化；也會出現位於同一個省分，但是由於地理位置不同，所吃的主食有差異。

以陝西省為例，其北方吃麵食，南方吃米食，中間地帶吃雜糧，所以當地有「秦嶺一條線，南吃大米北吃麵」，還有「漢中的女兒會蒸飯，關中的媳婦會桿麵」等諺語，很清楚地把南北方的飲食文化分隔出來。

酒釀起於江南，發揚於世界

在民間，酒釀最早廣泛流傳於產米的江南地區，是屬於漢族的地方風味食品，只要是以米為主食的產米地區，就看得到酒釀的蹤影。

一些不產糯米的北方地區，原本是沒有酒釀的，但早期因為人民南北遷移帶來了飲食文化交流。

近代因農業栽種技術提升，讓不產米的地區也能很容易吃到米食。再加上近年來交通便利，讓稻米等物資能運輸到各地，隨著大型超市的興起，南北貨物可以充分交流，已經商品化的酒釀現在也能很容易在北方的超市買到，甚至在海外華人超市的架上也看得到酒釀。

因此，製作、食用酒釀的版圖已經擴大到吃米與雜糧，甚至米麵混食的地區。

若找張地圖來看位置的話，上到北京，下到海南與台灣，左至青海，右是原本就吃酒釀的江蘇與上海地區，這些地方都有酒釀的足跡，只是興盛度不同，名稱也不同，喜好的口感也不太相同。

家家戶戶吃酒釀，各地名稱大不同

　　雖然台灣吃酒釀與做酒釀的文化主要源自眷村，但是眷村的居民來自大江南北各個省分，所以並非每一家原本都有在吃酒釀，只是因為村子小，大家感情好，生活習慣很容易互相交流與學習，不論是習慣吃麵還是吃飯的人，早就族群大融合，形成獨特的眷村美食文化，才讓酒釀與眷村美食畫上等號。

在眷村遇見酒釀

　　當我在寫這本書時，詢問了其他眷村的第二代，希望了解他們家中是否吃酒釀，以及酒釀在他們家鄉的名稱，發現在家鄉不吃酒釀的山東人，來到台灣也吃，追問下果然是因為住在眷村裡，有人在賣酒釀，所以就跟著買來吃了。

　　在台灣也都習慣稱酒釀。後來常常會發現一些不了解的人，容易把它跟用酒去釀的食品混淆，此酒釀非彼酒釀也，所以我後來習慣用「甜酒釀」來稱呼與介紹，就是為了做區隔。

　　「甜酒釀」在眷村有很多稱呼，有酒釀、甜酒、酒娘、醪糟等。在我所住的內壢自立新村裡，聽到的稱呼多為甜酒、酒娘，比較少聽到醪（音為「勞」）糟。記得母親第一次聽到「醪糟」時，根本不知道對方在說什麼，經過父親解說，才知道原來說的是酒釀。有時在眷村會聽到一些本省籍媽媽用閩南語稱呼酒釀為酒糟；而父親也說在湖北竹根灘的鄉下老家都稱酒釀為「酒糟」，他到台灣以後就跟著眷村的人叫「甜酒」了。

　　酒釀在同一個地方也會有好幾個不同的名稱，甚至會用當地特有的土話來稱呼它。在北方，酒釀多稱為醪糟，現在也習慣稱甜酒釀或酒釀。

酒釀文化的遷徙

　　對不產糯米的青海來說，酒釀是從產米區傳過去的小吃，由於酒釀已經在青海的西寧落戶超過一百年，也發展出不同的吃法，形成風味獨特的地方特色小吃。

　　青海西寧醪糟、陝西臨潼醪糟、山西晉南醪糟等，都是北方有名的酒釀產地。各地除了稱呼方式不同外，連口感喜好的細微處也不同，有些地方

愛吃甜味重的口味，有些地方嗜好酒味濃，還有些地方喜歡口感帶酸甜，甚至有些地區會加入雜糧一起釀。

在向內地不同省分的友人訪查酒釀名稱時發現，雖然是講相同的東西，但酒釀在每個地區有著屬於自己的傳統名稱。

更有趣的是，一位朋友說他是上海人，但是他對酒釀的稱呼，跟一般上海人稱「酒釀」不同，他們家稱為「醪糟」。詢問後才知道，原來他的父母親是陝西人，年輕時候就搬到上海，第二代雖然在上海出生，但是習慣用語仍然跟著父母親的說法。

同時，內地年輕一輩對酒釀的稱呼也有了些改變，這些改變跟交通、遷移、酒釀商品化都有很大的關係，讓原本不吃酒釀的省分在近幾年也開始吃起酒釀，其名稱往往就是跟著商品名來稱呼。

酒釀的名稱在不同的地區，有著不同的區域性稱呼，右表是向認識的在地朋友訪查後整理出來的資料，僅為便於大家對區域性名稱有所了解，並不代表絕對，提供給大家參考。

各地酒釀稱呼表

地區	稱　　呼
上海	酒釀、醪糟、酒板 (崇明地區的土話)
江蘇	酒釀、醪糟
浙江	甜酒釀、酒釀、酒娘
安徽	甜酒釀、酒釀、酒糟、酒娘、甜酒
福建	米酒
江西	醪糟、米酒、糯米酒
河南	醪糟、甜酒
湖北	酒糟、甜酒、米酒
湖南	甜酒釀、甜酒
廣西	甜酒
海南	米酒
廣東	甜酒、甜糟
重慶	酒釀
四川	醪糟
貴州	醪糟、甜酒
雲南	米酒、甜白酒
北京	酒釀、醪糟
天津	醪糟
河北	酒釀、醪糟
陝西	醪糟、甜酒
山西	酒釀、醪糟
遼寧	酒糟、米酒
甘肅	醪糟
青海	醪糟

不丹的迎賓蛋酒

只要有吃米的地區，不分國界，其實都可以看到酒釀的蹤影，但是因為各地菌種不同，口感也不同，稍做比較後發現東南亞地區的口感跟亞熱帶的台灣較為相似，而同處於緯度及海拔較高地區的國家，酒釀的口感會比較接近。

在高山上勾起鄉愁

2010 年為了我的第一本書《不丹的幸福配方》，整個團隊拉到不丹拍攝與拜訪，深入考察了 15 天，在第七天來到行程最東部的折返點蒙卡（Mongar），其行政區域相當於我們「省」的地位，車行一整天全是山路，終於在天黑前趕到蒙卡，並受邀到蒙卡最高首長的家中作客。

首長夫人非常親切與熱情，笑咪咪的端出迎賓蛋酒請我們喝。這碗酒香四溢、熱騰騰的蛋酒，乍看之下讓我興奮得以為是酒釀煮蛋。由於當時已經離家一週，不管是在距離或是海拔高度上，不丹都離家那麼的遠，在那裡能喝到一碗酷似酒釀蛋的蛋酒，突然間思念親人的情緒全湧了上來，讓我非常想念家中的酒釀香，更想念娘家的父母。這件事在我的記憶中非常深刻，我還記得當時是努力強忍眼眶中的淚水，含著眼淚喝完那碗充滿濃濃酒味的迎賓蛋酒。

不丹的蛋酒是奶油、蛋與酒的組合，看似簡單，卻充滿熱情。

煮酒迎嘉賓，暖身又暖心

這碗外觀酷似家鄉酒釀的蛋酒，是**用奶油起鍋，放入蛋液炒一下，然後倒入當地特有的自釀米酒做成的，喝起來酒香味十足，但是完全無甜味，**就像是用米酒去煮蛋花一樣，少了甜酒釀特有的香氣與口感，但是多了濃濃的不丹當地特色。

看我們都喝得很起勁，首長夫人非常高興，還特地把晚餐要喝的「酒湯」也拿出來招待我們。這酒湯比起蛋酒又更濃烈了，它是在酒中加入一些穀物粉所煮成，做法和味道非常特別，我們大家都猜如果晚餐吃酒湯，一定一覺睡到天亮。

不丹的傳統酒都是用米去發酵釀造，再經過當地特有的傳統蒸餾器蒸餾而成，每家都有私人獨特的釀造手法，釀出來的酒各有風味。在不丹作客時品嘗許多，發現每家的自釀酒濃淡不一，各有特色，蒙卡首長家的酒可能是熱騰騰的關係，喝起來感覺最烈，煮成「蛋酒」及「酒湯」的吃法也是最特別的。

烹煮不丹蛋酒的過程中，會倒入自釀的米酒，喝起來酒味十足。

解開酒釀的
神奇魔法

酒釀成分解析

我一直對於酒釀的神奇魔法非常好奇。首先酒釀它是食品並非藥品，功效主要在於食療，通常這種食品是針對某種生理狀況有特別的效果，酒釀卻似乎對什麼狀況都很有效，而且這些功效又相差甚遠，甚至有些沒什麼關聯性，但在現實裡酒釀真的都有所助益。

年輕時，這件事顛覆了我的常識，當時我就在想：究竟是什麼原理？酒釀中到底有什麼成分讓它如此神奇？這些疑問一直到了 2004 年接手家中酒釀傳承，在尋找酒釀成分的過程才得到答案。

營養多樣而全面，
分子小好吸收

酒釀中含有豐富的活性益菌以及由米麴發酵而來的各種酵素。

主要材料糯米中的蛋白質會分解成小分子的 18 種人體必需胺基酸；脂肪會分解成各種人體必需脂肪酸；澱粉則會分解為葡萄糖；其中所含的維生素 E、維生素 B 群及鈣、鎂、鋅、磷、鈉、鉀等礦物質與膳食纖維也都會被

保留下來。

酒釀是營養豐富的養生食品，其營養成分來自糯米本身的營養及酒麴中的益菌與酵素。經由發酵過程，將糯米中各類天然營養成分，由大分子完整的轉化分解，成為人體容易吸收的小分子營養素，所以可以迅速被人體直接吸收，對身體健康、恢復體力很有幫助。

因此，酒釀對身體的保健調養是屬於全方位調理，並非片面性的，除了能改善調理體質外，還能讓肌膚光澤紅潤，晶瑩剔透，媲美吃膠原蛋白，美膚效果堪稱「吃的 SK-II」。

這也就是吃一碗糯米飯跟吃一碗酒釀結果不同的原因。吃糯米飯容易造成胃部不適，吃了以後還要靠自己的消化系統辛苦工作，才能將營養吸收進去；但是吃酒釀就不同了，這些糯米的營養成分已經被分解成細小分子，所以身體就可以很輕鬆地吸收與利用這些營養素。

酒釀會這麼神奇，原理就是這麼簡單。父親曾說過吃酒釀治好了他的腳腫，原來是因為父親缺乏維生素 B_1 引

起腳氣病,而糯米富含維生素 B 群,酒釀中的小分子營養成分容易吸收,當缺乏的部分補充足夠了,身體自然就好啦!

酒釀營養學

食用酒釀時,身體可輕鬆吸收,迅速支援身體所需,也可以說**酒釀會從身體最欠缺的部分開始自動補給。**

曾經有友人為了豐胸,吃了三個月的酒釀,胸部一點動靜都沒有,失望之餘向我詢問,卻讓我意外發現長久困擾她的生理期問題已經不存在了。她從調整生理期時間,到舒緩生理期不適,到最後生理期順暢,對她來說是個意外收穫,對我來說這才是正確的過程。因為酒釀是屬於全方位的營養補充,從身體最欠缺的部分開始調整,才能樣樣調整得這麼好。

如果再仔細研究下列營養成分,就會更了解酒釀為什麼會有這麼多功效。而且酒釀的成分是天然的,並非人工合成的營養素,只要食用酒釀補充欠缺,問題自然迎刃而解。

酒釀中維生素對人體作用處

作用處	維生素 E	維生素 B_1	維生素 B_2	菸鹼素 (B_3)	維生素 B_6
循環系統	◎	◎	◎	◎	◎
內分泌系統	◎	◎	◎	◎	◎
呼吸系統	◎	◎	◎		◎
肌肉	◎	◎		◎	◎
神經系統	◎	◎		◎	◎
皮膚	◎		◎	◎	◎
生殖系統	◎				◎
免疫系統	◎				
眼睛			◎		
消化系統		◎		◎	
頭髮			◎		

註:此章節酒釀所含營養成分數據資料來自「衛生福利部食品藥物管理署」的食品營養成分資料庫;營養成分對人體作用參考自《維生素全書》及衛生福利部國民健康署網站

酒釀營養成分與作用

酒釀中到底有多少營養成分？

糯米中的澱粉會分解成葡萄糖，脂肪會分解成各種脂肪酸，還有維生素E、維生素B群及鈣、鎂、鋅、磷、鈉、鉀等礦物質與膳食纖維，而且有18種胺基酸是糯米中的蛋白質透過麴菌分解所產生，不但是小分子的胺基酸，有的還會再分解成更小分子的胜

肽，使人體更容易吸收；同時麴菌分解過程也會產生具有抗氧化力的奇特胜肽，讓酒釀的功效更完備。這些保存在酒釀中豐富且全面的營養成分，就是酒釀的奧秘所在。

在此將酒釀中各種營養成分與作用整理列表提供參考。

酒釀中礦物質含量與作用

礦物質	每100g中含量	在身體的作用
鈣	5.27mg	◎幫助成長，維持牙齒與骨骼的健康，控制細胞通透性；幫助血液凝固，維持心臟、肌肉正常收縮及神經的感應性。 ◎所有族群的人都非常需要。
鎂	8.91mg	◎預防鈣質沉澱於血管壁或組織，防止骨質鈣化。 ◎缺乏時容易心悸、虛弱、疲倦。 ◎嗜酒族、運動族需求量比一般人多。
鋅	0.90mg	◎對男性前列腺有幫助，也可調節女性生理期不順。與維生素C結合，參與體內膠原蛋白的合成，同時也參與很多酵素的活性作用。 ◎缺乏時會導致生長遲緩，皮膚、腸道黏膜、免疫系統受損。 ◎孕婦、學生、夜間工作者、咖啡族、嗜酒族、運動族需求量比一般人多。
磷	29.16mg	◎傳達神經刺激的主要物質，對骨骼與牙齒有幫助。 ◎孕婦、哺乳期需求量比一般人多。
鈉	2.08mg	◎與鉀共同維持體內酸鹼值、水分、血壓、神經傳導的平衡。
鉀	28.81mg	◎與鈉共同維持體內酸鹼值、水分、血壓、神經傳導的平衡。

酒釀中營養成分與作用

成分	每100g中含量	在身體的作用
熱量	161kcal	◎酒釀熱量低、營養高，是很好的營養補充品。
粗蛋白	4.95g	◎糯米中的植物性蛋白質，藉由釀造過程分解成人體容易吸收的小分子（胺基酸），甚至還會分解成更小的分子（胜肽）。 ◎促進青春期成長發育，幫助身體產生酵素、激素和抗體，能調節生理機能與維持免疫力。
粗脂肪	0.44g	◎植物性脂肪不含膽固醇，含有較多的不飽和脂肪酸，必需脂肪酸可提供生長及維持皮膚健康所需，並且幫助脂溶性維生素吸收。 ◎缺乏必需脂肪酸會造成生長遲緩、皮膚結構受傷，容易失去水分、乾燥粗糙，引發皮膚炎。
葡萄糖	33.21g	◎酒釀的甜味主要是葡萄糖，這是血液中最主要的醣類，可做為細胞能源及代謝反應的原料，是腦細胞、神經細胞、紅血球細胞唯一的能量來源。 ◎醣類不足時，體內熱量不夠，會缺乏活力，使蛋白質及脂質在體內代謝不正常。缺乏葡萄糖也會影響神經細胞及腦細胞正常的功能。
膳食纖維	0.51g	◎有助於腸胃蠕動，促進排便，預防便秘。
維生素E	0.30mg	◎抗老化、預防心血管疾病，防止留下疤痕、脫髮、流產，具有抗氧化作用，能維持皮膚及血球細胞的健康。 ◎缺乏時會沒有活力、無法集中精神、肌肉虛弱，容易掉髮、性能力降低。 ◎更年期、孕婦、哺乳期需求量比一般人多。
維生素B_1	0.03mg	◎維持神經、肌肉、心臟系統功能正常，促進生長，幫助消化，食慾正常。 ◎缺乏時容易引起神經炎、消化不良、便秘、疲倦、健忘、焦躁易怒、注意力不集中、腳氣病、肌肉無力等。 ◎對熬夜、睡眠不足、容易緊張的人和孕婦以及哺乳期、生病開刀復原期有幫助。
維生素B_2	0.01mg	◎促進生長、維持皮膚健康，是國人最易缺乏的維生素。 ◎缺乏時容易引起倦怠、疲勞、口唇乾裂、口角炎、脂漏性皮膚炎及眼睛畏光。 ◎對長期處於精神緊張、素食者、長期控制飲食者、孕婦、哺乳期有幫助。
維生素B_6	0.05mg	◎維持皮膚及神經系統的健康，減少夜間肌肉痙攣、抗皮膚過敏。 ◎缺乏時容易引起經前症候群、脂漏性皮膚炎、過敏反應、蕁麻疹、濕疹等。 ◎孕婦、哺乳期、學生、嗜酒族、運動族需求量比一般人多。

酒釀中 18 種胺基酸含量與作用

礦物質	每 100g 中含量	在身體的作用
酒釀中水解胺基酸總量	3802.52mg	◎調節身體機能，增強免疫能力，促進身體激素分泌及蛋白質合成，供給人體營養；維護心血管功能，改善肝腎功能。
1. 麩胺酸	706.57mg	◎提高腦部功能，促進傷口癒合及生長激素合成，減輕疲勞，增加肌肉量及減少脂肪囤積，又稱「腦細胞的食物」。
2. 天門冬胺酸	336.15mg	◎消除疲勞，恢復體力，增加身體耐力。
3. 白胺酸	334.31mg	◎與腦中警覺性有關的神經傳導物及身體能量代謝有關。
4. 精胺酸	296.94mg	◎增強人體免疫力，減少脂肪囤積，促進生長激素分泌、傷口癒合、肌肉生成及肝細胞再生。
5. 丙胺酸	229.28mg	◎幫助產生抗體，協助醣類及有機酸代謝，為肌肉組織及腦部中樞神經能源之一。
6. 纈胺酸	218.51mg	◎促進腦力，安定情緒，改善肌肉協調功能。
7. 苯丙胺酸	203.96mg	◎改善記憶，對抗憂鬱，使精神上保持警覺。
8. 絲胺酸	199.14mg	◎幫助肌肉及肝臟儲存肝醣、製造抗體、合成神經纖維之外鞘。
9. 酪胺酸	180.29mg	◎改善記憶，幫助克服憂鬱，為腦中神經傳導物之一。
10. 甘胺酸	177.51mg	◎幫助荷爾蒙的製造，協助從血液中釋放氧氣到組織細胞，加強免疫功能。
11. 異白胺酸	166.39mg	◎與腦中警覺性有關的神經傳導物及身體能量代謝有關。
12. 脯胺酸	162.71mg	◎強化心肌的功能，維持關節及肌腱正常運作。
13. 組胺酸	145.18mg	◎對過敏、貧血有幫助，為血紅素主要成分之一，缺乏會引起聽力減退。
14. 離胺酸	134.77mg	◎幫助鈣質吸收，抗體、激素及酵素之製造，促進膠原蛋白形成。
15. 酥胺酸	125.18mg	◎防止肝臟脂肪堆積，使胃腸道功能更平順。
16. 甲硫胺酸	74.98mg	◎協助腎臟代謝，防止頭髮、皮膚及指甲病變。
17. 胱胺酸	56.39mg	◎清除自由基，延緩老化，幫助皮膚再生、燙傷及外傷加速癒合。
18. 色胺酸	54.19mg	◎改善睡眠，減輕焦慮與憂慮，加強免疫功能，是天然的精神鬆弛劑，不足時容易有憂鬱、焦慮及暴食症傾向。

Chapter 5

溫暖全家大小的
幸福甜點

酒釀的正確食用方式

酒釀的食用對象沒有年齡、性別限制，也沒有季節的限制，是全家大小最忠實的好朋友，也是非常適合長期食用的居家養生點心。

但是最怕小朋友因為酒釀甜甜的，很好吃，不小心吃過量而影響到正餐；有糖尿病的朋友食用前建議最好先諮詢過營養師；怕胖的人不要常吃酒釀湯圓或加很多糖調味，可以改吃銀耳拌酒釀更健康。

當我們了解食物的性質後，適時適量攝取，在享受美味之際，也能越吃越健康。

中醫養生的酒釀益處

傳統養生典籍中記載：酒釀性溫味甘，不燥不熱屬溫補，沒有虛不受補及夏天不能吃的困擾，四季食補皆宜。

酒釀的功效廣泛，可補氣養血、美容養顏，讓臉色紅潤、皮膚細緻，還能助脾胃運化，刺激消化腺分泌，促進消化功能及改善便秘等。

所以，酒釀是平時調養及改善體質虛弱的好幫手，一年四季都適合食用。在夏天食用可提神解乏、解渴消暑；冬天食用能促進血液循環，靈活肢節，尤其可以改善冬天怕冷、手腳冰冷的狀況。

酒釀更令人稱道的功效是在哺乳期間做為營養補給，促進乳汁分泌，同時防止乳房萎縮，讓產後恢復的胸型更漂亮。因此，酒釀可以說是坐月子的補養聖品，能快速修復身體，讓身體恢復最佳狀態。

不過，也有人認為酒釀屬燥熱。但那應該是酒味很重的老酒釀，新鮮的嫩酒釀是溫性的，所含微量穀物酒精只剛好促進血液循環。

若吃了酒釀感到燥熱，就要看是加了什麼東西一起吃，如果加了薑、桂圓肉、黑糖等熱性的食材，這碗酒釀屬性就變了，遇到體質燥熱的人會更火上加油。所以了解自己的體質，挑選適合的酒釀與配料，再搭配食用的方法，就能事半功倍的用酒釀輕鬆養生。

酒釀是一生的好伴侶

人一生許多時期都可以在酒釀相伴

下更舒適的度過，以下是食用酒釀的好時機，可以感受到酒釀對於健康的幫助。

- 兒童成長期。
- 青春發育期調養，改善生理期不適。
- 懷孕期、坐月子、哺乳期的最佳營養補給。
- 更年期、銀髮族的生理機能調理。
- 調養虛弱的體質、病後補養或體質改善。
- 消化功能不佳時，可幫助消化及腸道順暢。
- 冬季改善手腳冰冷、幫助身體活絡、預防感冒。
- 瘦身減肥時，由於酒釀熱量不高，營養成分卻很豐富，很適合瘦身期間營養補充。

將酒粕磨碎冷凍，可以做成酒粕冰淇淋，搭配水果食用是夏天很受歡迎的甜點。

Story

酒釀公主的故事

我常常會被問到：小朋友適合吃酒釀嗎？

當然可以，只是**小朋友以吃剛發酵好的嫩酒釀為原則，不適合食用酒味重的酒釀**。順帶在這裡分享幾個我們家酒釀公主與酒釀的有趣故事。

酒釀公主的說話課

我們家酒釀公主小時候語文能力發展得比較慢，直到二歲都不太愛開口說話，有些字的發音也不是很標準，我每天都想盡辦法，看能否讓她開口練習說話。因為小朋友都愛唱歌，所

酒釀公主兩歲時與外婆合影，小小年紀就能吃得出外婆酒釀的風味。

以我平時就放些兒歌，希望女兒藉由唱歌練習開口，無奈偏偏遇到一位不愛唱歌、只愛跳舞的小朋友，每天聽著兒歌蹦蹦跳跳，就是不願意開口跟著唱。每次只要音樂響起，這位小朋友就完全失控，跳到忘我。沒辦法，我只好關掉音樂，親自教她唱兒歌。

好不容易把〈兩隻老虎〉跟〈三輪車〉這兩首經典兒歌教完，終於聽到女兒咿咿呀呀，只是她每次都把熟悉的歌詞唱得很大聲，不熟的部分就呼嚨含糊帶過。

有一天，仔細一聽，我的天！她把兩首歌詞混在一塊變成她自己的歌了，偏偏這兩首歌的結尾都跟「奇怪」有關係，一個是「真奇怪」，另一個是「你說奇怪不奇怪」，因此有段時間常常聽到她唱著奇怪版本的兒歌，最後還要搖著頭高喊：「沒有很奇怪！沒有很奇怪！」

頭痛之餘，想再教她唱別的歌，這才發現自己竟

從小愛吃外婆酒釀的酒釀公主，
無論身材、皮膚都讓人好羨慕，
是證明酒釀功效的最佳代言人。

然也只會唱這兩首兒歌。唱歌雖然是不錯的方法，可是她不是首首兒歌都愛唱，唱來唱去就是那幾首，而這樣就達不到想要她練習說不同詞彙的目的。

除了唱歌以外，小朋友也都愛聽故事，但女兒一樣不是所有兒童故事都愛聽，她只重複聽她愛聽的故事。於是我想到，可以讓她跟著一起念故事書，可是這位崇尚自由的射手座小公主，完全不受約束，往往是我念我的故事，但她不開口就是不開口。在威脅無效之下，只能利誘。

那時她大概快三歲了，除了酒釀之外，沒有任何東西可以引誘她，由於年紀還小，我只讓她吃小小一口嘗嘗味道而已，這一小口酒釀拐不了她說多少話。

那天女兒剛好看到外公外婆由大陸探親帶回來的一罐「孝感米酒」，這是湖北有名的酒釀，十八年前能將甜酒釀做成易開罐飲料是很先進的，當她知道那是一罐酒釀後就吵著要吃。這罐孝感米酒因為已經像飲料一般，我就拿它來當教學道具。那天是有史以來女兒最配合演出的一次，我把罐子上大大小小所有的文字當成教案，她為了可以吃口酒釀，乖乖的跟著我

念了長長一大段文字。

罐子上的文字生澀，聽見女兒竟然念得這麼好，高興之餘心中也暗自竊笑，酒釀公主為了能吃到一口酒釀，居然有辦法耐著性子跟著我念這一堆字，頓時覺得自己真的很像馴獸師。

這一堂酒釀說話課圓滿結束，讓我放心的是，女兒其實只是懶得說話，並沒有我想像的那麼嚴重。不過，那天女兒雖然話說得很多，但主要是我管控得好，沒讓她吃太多酒釀，要不然就會影響她的正餐了。

這不是外婆的酒釀

酒釀公主天生有靈敏的嗅覺，能聞到很多我們平時聞不到的細微味道，她從小吃外婆的酒釀長大，**我們家傳酒釀特有的香氣與口感都完整保存在她的記憶中，所以女兒也是我們家傳酒釀最好的味覺嗅覺品管師。**

女兒從小對酒釀的香氣口感標準已經訂出自己的品味模式，所以其他

酒釀她都吃不習慣，大約在她四歲左右，那年暑假父母到美國探望弟弟，要在那裡住上二個月，行前雖然留了一些酒釀讓我哄騙小孩，可是很快就吃完了，為了應付天天吵著要吃「外婆的酒釀」的女兒，我偷偷在賣場買了瓶酒釀給她解饞，買回來後趕快挖了一口給女兒吃。

為了傳承道地的外公家鄉味酒釀，雖然已經是製麴熟手了，酒釀公主依舊返鄉學做道地的酒麴。

女兒高興地吃了一口，但才含在嘴裡就瞪大眼睛問我：「媽媽，這是什麼？」

「這是酒釀啊！」

「真的嗎？這是酒釀嗎？」女兒一臉懷疑地看著我。

「是啊！我沒有騙妳。妳看喔，這標籤上面有字，妳還沒讀書不認識沒關係，我念給妳聽……」

女兒雖然懷疑，還是又吃了一口，然後斬釘截鐵地告訴我：「這不是外婆的酒釀！」

「是啊！這是我買的，本來就不是外婆做的酒釀。」

「我要吃外婆的酒釀！」

「外婆不在家，酒釀早就被妳吃完了，哪還有外婆的酒釀，這個一樣都是酒釀嘛！」

「那個不是酒釀，我要吃外婆的酒釀……」

唉，女兒天天吵著要吃外婆的酒釀，讓我每天內心都在吶喊：「媽媽你們趕快回來啦！」好不容易盼到父母親回來，帶著女兒回家探望時，大門一開，都還沒見到外公外婆，女兒就大喊著：「外婆我要吃酒釀！」

我也迫不及待的跟媽媽告狀，說她的外孫女為了「外婆的酒釀」，這幾天是如何折騰我的。沒想到媽媽笑嘻嘻地問女兒：「外婆的酒釀怎麼樣？」女兒二話不說豎起大拇指說：「讚！」

從此以後，「外婆我要吃酒釀！」、「外婆的酒釀怎麼樣？」、「讚！」變成她們祖孫倆每次見面都要玩一遍的通關密語。

酒釀公主常說最懷念小時候到外婆家，一打開門，撲鼻的酒釀香氣瞬間全衝過來，那種被酒釀香氣擁抱的感覺。所以自從接手家傳酒釀後，酒釀公主就是我們品管酒釀風味的秘密武器，也是我們用來監督自己是否不慎走味的依據。第二代要維持住第一代訂下的香氣口感真的很不容易，還好第三代根基已經打好，標準全都訂在腦海中，她會永遠記住外婆做的酒釀滋味。

對我來說，家傳香氣能夠傳承，是最值得安慰的事情。

小女生煩惱、大女生羨慕的酒釀後遺症

酒釀公主從小吃酒釀長大，小學五年級時就擁有傲人的身材，可是那時的她還不知道這是種美，每天遮遮掩掩，最大的煩惱就是怕同學取笑她。

我常常跟她說：「現在畏畏縮縮的

酒釀公主的嗅覺及味覺靈敏，是傳家酒釀最好的味覺嗅覺品管師。

怕人笑，等上了國中，那些取笑妳的女同學不知道會多羨慕妳呢！」

因為時候未到，說什麼女兒都不相信。想到要等到上國中，還要等那麼久，就讓她很煩惱。沒想到才升上六年級，就沒再聽她抱怨，反而每天眉開眼笑。有一天她告訴我說：「媽媽，真的耶！我認識的女同學現在都好羨慕我喔！尤其是那些以前常常取笑我的人，現在一天到晚問我都吃些什麼？我當然就跟她們推薦我們家的酒釀呀！」

還記得多年前，小阿姨很不好意思地跟我抱怨：「才沒吃多久的酒釀，都已經六十歲了，還要換內衣尺寸，這樣是要高興，還是心疼又要花錢買內衣了？」當時連照顧外婆的看護都紅著臉，操著不流利的國語跟我說：「姐姐，我有一起吃甜酒釀，我也一樣耶！又要花錢買內衣了。」

所以每當有人問我：「現在吃還來得及嗎？會有效嗎？」其實我會回答：「有沒有效真的要看個人體質。」但是我的確眼見幾位熟齡與高齡又變身成功的案例。不論結果如何，<u>只要食用者不是糖尿病患者，酒釀對身體的保健可不止豐胸這項。</u>

Chapter **6**

酒釀生命三元素：

麴、米、水

酒釀是怎樣釀出來的呢？

如果要我回答，我會說：「**米為父，麴為母，釀出愛的結晶甜酒釀。**」非常簡單。

的確，酒釀用的原料非常簡單，只有「酒麴」、「圓糯米」、「水」，酒釀製作過程類似釀米酒的前段，有釀酒古諺說道：「麴為酒之骨，糧為酒之肉，水為酒之血。」釀酒所使用的酒麴、糧食（米）及水是影響酒品質的三大要素。有優良的菌種、漂亮的穀物和甜美的水，再配合純熟的釀造技術，才能釀出好酒。「麴」、「米」、「水」三者看似簡單的原料，在釀製過程中卻有著不簡單的作用原理在其中。

「**麴**」**是釀造的靈魂。**古人將釀造用的益菌以穀物做為載體，將優良菌種一代代保存下來的過程稱為製麴。

因釀造需求不同、益菌種類不同、培育的載體和製作方式也不同，於是「麴」有了不同的名稱、外觀與用途。

「**米**」**之於酒釀，最好的米種是圓糯米**，但在以往糯米昂貴稀少的狀況下，也以雜糧為原料，如高粱、大麥、糯小米等，發酵後雖然很甜，卻沒什麼酒露，口感較粗糙。只有糯米的黏性好，出酒多，最適合製作；其中圓糯米由於黏性更佳，是做酒釀最好的原料。近年來飲食健康意識抬頭，如能使用有機圓糯米製作是更好不過。

酒諺又云：「水乃酒之魂，好水釀好酒。」有好酒的地方，附近必有名水，可見水對於釀酒的重要性。在家做酒釀時，水一樣非常重要，因為從洗米開始就會接觸到水，如果水質不潔淨或有其他添加物，可能影響到發酵的作用，而無法做出好吃的酒釀。

因此，**要成功製作好的酒釀，需要有活力的麴、優質的米、潔淨的水，**加上耐心與誠心。接著就為大家介紹酒釀生命三元素的來龍去脈。

麴為酒之骨，糧為酒之肉，水為酒之血，是酒釀的生命之源。

麴的探源

如前所述，「麴」是釀造的靈魂，將釀造用的益菌以穀物做為載體，把優良菌種一代代保存下來的過程稱為製麴。

我們曾經是唯一擁有製「麴」技術的民族，後來才慢慢流傳到亞洲其他國家。追根溯源，「麴」是老祖宗的智慧結晶，至今已流傳千年。在民間最常見、最方便取得的麴，是白色的「白麴」與紅色的「紅麴」。

麴是釀製過程中的關鍵靈魂

白麴，就是俗稱的酒麴，它是釀酒的根本，主要用途是釀製酒釀、米酒、小米酒等。酒釀的釀製過程與釀米酒的前段相似，所以酒麴可說是非常關鍵的靈魂；而麴菌是發酵的根本，因此有「麴為酒之骨」之說。

釀造時，酒麴的用量不多，但是卻關係著整鍋的成敗，小小一顆品質不佳的酒麴，可是會糟蹋掉一大鍋的糧食，所以古時候製麴人都要非常小心謹慎的製作酒麴，深怕一個不注意壞了酒麴的品質，就可能變成糟蹋糧食的元兇了。

製作酒釀的酒麴在各地有不同稱呼，如「白麴」、「酒麴」、「酒母」、「酒藥」、「酒餅」、「白殼」（台語）、「酒殼」（台語）等，現在市面上販售的酒麴樣式很多，圓的、扁的、方的、粉末狀的都有，而我們家用的酒麴就只有一種，是長得圓圓白白的傳統酒麴。

記得小時候可以在眷村市場、米店、雜貨店、中藥店買到圓滾滾、像乒乓球一樣的傳統酒麴，但隨著眷村拆遷，雜貨店與米店被超商、大賣場取代；再加上製麴人逐漸凋零，家中年輕人不想學，老一輩又不外傳，製麴技術呈現無人承接的斷層狀態，傳統製麴法在民間已經漸漸失傳。

傳統的手工優良酒麴長得白白淨淨、圓滾滾的，帶著淡淡的清香，製作上很費工，要看節氣及天氣狀況來製作，還要細心挑選好的製麴原料，製作過程要很小心不被雜菌汙染，以現在全球氣候異常及環境汙染程度來說，傳統手工製作失敗率很高，所以市面上已經很難買得到做出的酒釀會又香又清甜的傳統酒麴了。

麴的特性與形狀各地不同，製作
出來的酒釀風味也各有特色。

以手工依照著傳統工藝方式做出的酒麴中有好幾種不同的菌種，這些麴菌各司其職，能豐富酒釀的香氣與口感。

隨著生物科技的進步，現在市面上買到的酒麴，常常是經過實驗室篩選培育出來的單一菌種「糖化菌」所製成，好處是菌種單純，不會像傳統製麴，一旦照顧不好，容易受到雜菌汙染，而且使用糖化菌做出來的酒釀成功率很高，口感非常的甜，但也因為只有甜味，缺少酒釀獨特的迷人香氣，讓從小吃慣傳統酒釀的人總覺得似乎缺少了精魄所在，讓人更是思念記憶中小時候的酒釀香氣。

而這似是而非的味道竟然有了道聽塗說的定義，大家以訛傳訛，說傳統圓形白麴叫做「酒麴」，做出來的就叫「酒釀」；將由單一菌種「糖化菌」製成的酒麴叫做「甜酒麴」，而這種甜酒麴做出來的就稱「甜酒釀」，這真是天大的誤會呀！

但是，對於小朋友及一丁點酒香味都不能接受的人來說，以「糖化菌」做出來的酒釀是他們最佳的選擇，而喜歡吃有傳統香氣及酒香味的人應該選擇傳統酒麴做的酒釀。傳統酒麴在酒釀風味上占有很重要的角色，其所含的益菌有根黴菌、毛黴菌、米麴菌、酵母菌等，這些都是讓酒釀芳香美味的大功臣。蒸好的圓糯米要靠這些麴菌將它發酵成酒釀，因為菌種多元，口感風味也跟著豐富。

2014 年隨著我的禪學老師——國際禪學大師洪啟嵩老師——所帶領的企業團參訪不丹時，不丹前總理肯贊閣下的夫人送我不丹當地的酒麴，那些酒麴體積很大，感覺很特別，從外觀來看或許應該說是酒餅才對。

夫人告訴我，他們傳統的酒麴是釀酒用的，做酒釀就沒什麼甜味。他們現在都喜歡用來自上海的酒麴做酒釀，因為做出來的酒釀口感特別甜，也特別好吃。雖然很高興他們能品嘗到中國酒釀的味道，但是心中也期盼著不丹傳統的菌種千萬別消失才好。

各擅勝場，麴菌點點名

傳統酒麴中菌種豐富，不同的菌種各司其職、各擅勝場，有著不同的特性與功能，才能使酒釀又清甜又香，並且餘韻繞樑。

毛黴菌：澱粉糖化力最強，經由澱粉酵素，將糯米飯中的澱粉分解，轉化成葡萄糖，產生甜味。具有很強的蛋白質分解力，能將糯米飯中的蛋白

質分解成小分子的胺基酸，具有微弱的酒精發酵力。

根黴菌：對生澱粉糖化力強，會將糯米飯中的多元酚轉變成更強而有力的抗氧化物質，能生成維生素 B₁₂。具有輕微酒精生成能力，會產生白酒的風味，以及產生適量的有機酸抑制酒醪中生酸雜菌生長。

米麴菌：澱粉糖化力強，經由澱粉酵素，將糯米飯中的澱粉分解，轉化成葡萄糖，產生甜味。有很強的蛋白質分解酵素，能將糯米飯中的蛋白質分解成小分子的胺基酸，甚至會產生分子更小、具有特殊保健功能與抗氧化力的奇特胜肽，並且能將糯米飯中的多元酚轉變成更強而有力的抗氧化物質。

酵母菌：利用澱粉分解的葡萄糖進行發酵，發酵過程中會產生水分、酒精及二氧化碳，並散發出特殊香氣。酵母菌在有氧情況下生長較快，會把糖分解成水和二氧化碳；在缺氧時，則會把糖分解成酒精和二氧化碳。酒釀在發酵過程中產生的「發泡」現象，就是因為二氧化碳所造成。酵母菌把糖分解成酒精，與發酵時所生成的有機酸起作用，就會產生芳香酯類，使酒釀具有特殊的香氣與風味。這就是為什麼單純使用糖化菌無法使酒釀產生香氣的奧秘。

簡單的說，酒麴中的糖化菌將糯米的澱粉分解成葡萄糖，蛋白質分解成胺基酸，再由酵母菌將澱粉分解出的葡萄糖轉化成酒精和二氧化碳，產生香氣。

如果對酒麴有興趣，想更深入了解酒麴，可參考生化工程博士、臺灣菸酒股份有限公司總經理林讚峰先生所著《中國古老保健秘方：白麴的妙用》一書。很感謝林博士將個人的專業知識分享出來，寫了這本一般人都易讀易懂的專業書籍。

不丹的酒麴是大塊的餅狀，上面還留有用來襯墊的草藥。

麴的小故事

在此讓我分享幾個跟酒麴有關的生活小趣事。

是酒麴，不是貢丸啦！

婆家是很傳統的本省家庭，對他們而言，「甜酒釀」是跟隨著我嫁過去的新名詞，在這之前他們連聽都沒聽說過，真的從來不知道什麼是酒釀，而就因為連酒釀都沒聽過，更別說是看過酒麴了。

在婆家對酒釀還很陌生的階段時，有一天我由娘家帶回了一包剛做好的頂級酒麴（因為娘家的冰箱放不下，便由我帶回婆家冰起來）。回到家，婆婆看了一眼我手中這包圓滾滾的東西，沒有問什麼，急著去煮飯的我也沒特別解說就直接將酒麴放入冰箱，開始動手煮晚餐。

吃飯時婆婆一臉納悶的問我：「咦，今天怎麼沒有煮湯呢？」

「家裡沒有湯料了。」

「冰箱不是有一包貢丸嗎？」婆婆接著問。

「家裡沒有貢丸啊！」我聽了後有點疑惑。

婆婆眼睛睜大地說：「妳剛剛明明帶了一包貢丸回來的呀！」

我急忙解釋：「那～那～那不是貢丸，那是做酒釀用的酒麴啦！」

婆婆一臉無辜的用台語說道：「哇阿災！（我哪知道）」

天啊！**原來婆婆把圓滾滾的酒麴當成貢丸了**。還好婆婆有問清楚，要不然這一包可以做 100 台斤酒釀的頂級酒麴，很有可能哪天回到家就變成餐桌上的一鍋貢丸湯了。

阿姨沒騙你，
那真的不是球球！

每年 10 月的眷村文化節我們都會受邀去「眷村美食展」擺攤，攤位桌子上總是擺滿傳統甜酒釀，以及由我創發的紅麴甜酒釀、酒釀紅糟、甜酒露和甜酒醋，當然也少不了整桶圓滾滾的「酒麴」。

因為市面上越來越難買到酒麴，尤其是品質好的酒麴更是稀少，所以每年擺攤時我們都會特別賣些酒麴，讓習慣自己做酒釀的長輩能有好酒麴自製酒釀。

或許是因為眷村老味道正逐漸凋零、消逝，每次我們的攤位總是擠滿了人，這一顆顆圓滾滾、胖嘟嘟的酒麴，不但是眷村老伯伯和老媽媽的最愛，更是小朋友的最愛。

每當有小朋友經過攤位，就會看見他們眼睛發亮，小手指著酒麴說：「球球耶！」而我總是很高興地跟小朋友誇讚這球球有多麼厲害，並且解說它們是如何把糯米飯變成香甜可口的酒釀。

但要是遇到年紀很小的幼童，那真的就是有理說不清了，他們聽不懂什麼是酒麴，才不管那個到底是要做什麼用的，一心一意只是想要玩球球，任憑所有的人說破嘴，他們就是不相信那是不能玩的，最後的場景總是大人抱著聲嘶力竭哭鬧的小孩匆匆忙忙離開攤位，而孩子面向著我，揮舞雙手嚷著：「球球！球球！阿姨，我要球球！」

我知道這時候孩子心裡面一定很不解，為什麼一群老爺爺、老奶奶可以眉飛色舞挑選著心愛的球球，就只有他要被爸媽強行抱走呢？看著孩子兩手揮個不停，我只能喃喃自語：「阿姨真的沒有騙你，那個真的不是球球啦！」

3 顆 100 元堅決不賣，
2 顆 50 元立刻成交

市面上想要買到品質好一點的酒麴不容易，一般酒麴一顆售價約 35 元，品質好一點的要賣到 50 元，這些市售酒麴不能說它們不對或不好，只能說做出來的酒釀都不符合父親要求的口感與香氣標準，所以我們所用的酒麴都是自家生產的。

我們的酒麴製作工程繁複且耗時，仔細核算每顆生產的人工成本高達 200 元，以往父母親都是以一般的市價回饋客人，沒有人會了解我們這麼賣其實是虧本，常常還會遇到討價還價的客人。考量到酒麴製作不易，量也稀少，賣太多還要擔心自己不夠用，所以自從我接手後，除了教學上供應學生練習用之外，非必要不輕易賣出酒麴。

只有在每年眷村文化節的攤位上，我們為了回饋眷村的長輩及酒釀同好們，會以完全不符合成本的市價銷售，讓他們可以買到能做出香甜酒釀的好酒麴。

記得有一年跟先生一早擺好了攤子，先生趁空檔去了趟洗手間，臨走前千交代萬交代：「今年夏天天氣不好，酒麴不好做，量很稀少，這次酒

麴我們還是比照最便宜的市價，一顆賣 35 元，如果有人還價 3 顆 100 元，除非是老人家來買，要不然我們不賣，千萬要記住喔！」說完，先生一臉不放心的走了。

先生會那麼不放心是有原因的，從小看到數學就投降的我對「數字」完全沒輒，根本搞不清楚一顆酒麴賣 35 元，如果是 3 顆 100 元，那一顆酒麴到底是多少錢？

低頭扳著手指頭，完全算不出來的我，突然發現一位陌生客人站在攤位

前面要買酒麴。

不出所料，我開價一顆 35 元，對方馬上還價 3 顆 100 元。心中暗自埋怨先生為什麼要訂這個價格，同時也謹記先生交代的事：絕對不行還價。本來很高興自己這次這麼堅持價格，但是這樣磨下去也不是辦法，於是我告訴他酒麴製作過程的辛苦，當對方理解後，決定照原價 35 元買一顆，他拿出 50 元給我找零，我這才發現所有零錢都在先生身上，自己又沒帶錢包出來，沒有零錢可以找他。

正當不知如何是好時，客人突然開口說：「乾脆 2 顆賣我 50 元，就不用找零啦！」

我一聽，心想真是個好方法，馬上笑著說：「好啊！」我正要拿小袋子來包裝酒麴時，對方急忙說不用了，說時遲那時快，抓了二顆酒麴一溜煙就不見了。我還在納悶什麼事那麼急，連袋子都不用，酒麴放在手裡不好的呀！

正當覺得奇怪時，先生回來了，原來他順道趁著活動還沒正式開始前先去看看今年有些什麼攤位。

先生問我：「有客人嗎？」

我說：「有一個客人來買酒麴，說要 3 顆 100 元。」

先生望著我，「那妳有賣他嗎？」

「我很堅持的跟他說不行，還告訴他做酒麴不容易。」

先生繼續又問：「然後呢？他有買嗎？」

「有啊！他原本要買一顆的，但是我沒零錢找他。」

「抱歉，忘了把找零的錢給妳。沒錢找怎麼辦？」先生有些愧疚。

「就是啊！隔壁都還沒有人來做生意，沒人可以換零錢，後來客人就說乾脆 2 顆 50 元，那就不用找零啦！所以我就賣他了。」

只見先生眼睛瞪大，滿臉鐵青地重複：「2 顆 50 元，妳就賣他了?!」

「我告訴你喔！那個客人有點奇怪，說酒麴不用包，抓了就跑，一下子就不見人影了，很像很急的樣子。」

此時先生已完全被我打敗，但仍和顏悅色地說：「我需要出去走一走，就在對面，一下子就回來。啊！妳不要再亂賣東西喔！」轉身就走出了攤位，在看得到攤位的地方來回走著，留下心中一堆疑問的我。

「我哪有亂賣東西啊！」我嘟嚷著，心裡不停盤算：「3 顆 100 元，一顆到底多少錢？」、「2 顆 50 元，一顆到底多少錢？」

不論酒麴的形狀如何，使用時會磨粉，以利於撒在米飯上。用不完的麴粉，可以用乾淨的玻璃瓶密封裝好，放入冰箱，但最好是盡快使用為宜。

這對我來說實在太困難了，一時半刻也算不出來，接著客人陸續到來，忙到沒空去想這麼複雜的數字問題。

困擾了我一天的疑問就在下午要收攤前突然靈光乍現。我為什麼不用另一種算法呢！

於是就在腦海裡仔細盤算：「2 顆是 50 元，再加 2 顆就是 100 元，所以 4 顆是 100 元……天啊！3 顆 100 元不能賣，結果 4 顆 100 元賣得那麼高興。難怪他抓了酒麴就跑，一下子消失得無影無蹤。」他一定是怕我反悔，完全不知道其實我還在狀況外。

回想那個畫面，自己越想越好笑，偷偷傻笑著，假裝什麼事都沒發生，還好先生還沒發現我已經知道問題出在哪裡，就讓我繼續當他不忍苛責的傻老婆吧！

傳承民間製麴工藝

一年之中只有夏天可以做酒麴，父親必須在端午到中秋這段時間內製作出一整年要用的酒麴，如果節氣未到就開始製作，或錯過節氣太晚製作都不行，做出來的酒麴會有雜菌汙染，最後不是發霉壞掉，就是做出來的酒釀品質不佳。

製麴與節氣息息相關

地處內陸的湖北老家在夏天是沒有颱風的，可以順利做出品質一流的酒麴，但是在四面環海的台灣，夏天是颱風季節，想做酒麴真的是看天吃飯，因為酒麴製作過程必須要有連續七至十天的艷陽天才行。

雖然科技進步，讓現在的氣象預報非常精準，我們可以事先了解天氣變化，安排好製麴時間，不像以前常常因為突然變天，措手不及，花下心血整個白費，但是全球氣候異常還是讓我們感到相當憂心。

還記得有一年氣象局每週發布一個新形成的颱風訊息，讓我們遲遲不敢安排時間做酒麴，每天都提心吊膽，深怕形成的颱風會影響到台灣，在做與不做的兩難中擺盪不定。

湖北家鄉的長輩正在檢查酒釀公主採摘回來的製麴植物是否正確。

除了天氣以外，做酒麴的原料也很重要，每家的酒麴都有自己的秘方，也就是餵養麴菌的方法。製麴原料，首先離不開穀物，依需求將不同的穀物碾成粉末，加入獨門秘方的中草藥或是辛香料，再將原料揉成所需的大小和形狀，並將菌種接種在上面，就可以開始培育了。

酒麴的製作非常辛苦，需要像照顧小嬰兒般細心呵護。印象中父親在製作酒麴的過程中，是三天三夜全天待命，幾乎無法睡覺，這個過程比照顧酒釀發酵還要累上好幾倍。父親六十四歲開始做酒釀，直至八十歲才退休，可以說是頂著高齡的身體做著勞心勞力的苦差事，要靠著很大的毅力才能撐下去。

父親從小體弱，沒有做粗活的體格，年輕時軍人的生活很有規律，所以他一向是早睡早起，晚上七點多就開始打瞌睡，八點一到就一定上床睡覺了，他是完全無法晚睡與熬夜的人，這樣的生活習慣使他在做酒麴時非常辛苦。

因為做酒釀時，可以把酒釀的熟成時間調整到在白天熟成，但是培麴的過程就完全不同。麴菌會因當時氣候的溫度、濕度及新鮮原料的差異性，而有不同的變化，在照顧的時間上無法去抓標準流程，培麴的前三天屬發育期，父親幾乎無法睡覺。

麴菌發育初期，每二至四個小時就要巡視一次，而每次巡視時要判定下次間隔多久時間探望酒麴的狀況，並且計畫在下個階段要為酒麴做些什麼事。

酒釀公主在湖北老家學習傳統製麴的搭窩方法。

父親對做酒釀的細節非常要求，圖為他在為米飯拌麴，手法非常細膩，是幾十年的經驗累積。

　　父親常常是剛躺下快要睡著時，就又到了起床巡視的時間，最後階段有可能每半小時或每十分鐘就要看一次，越到熟成後段越是要小心謹慎，有時太累了，慢了幾分鐘，麴菌就會瞬間變臉全走了樣。我相信很少人會像父親這樣嚴格要求製程，其實簡單做，一樣做得出酒麴，但他就是一直很堅持，始終如一。

　　初期接手獨立製作酒麴時，原本我們希望藉由標準流程來操作，不要弄得那麼麻煩，結果酒釀就是做不出父親的香氣與口感，當時我才深信父親的堅持是對的，真的是粒粒酒麴皆辛苦，一分耕耘一分收穫。

　　在這個時間就是金錢、凡事求快，以機器取代手工生產的時代，大家似乎都忘了慢工出細活，以及手做的溫暖與傳達的感情。我相信當父親拖著疲累的身子關注酒麴生長狀況時，他沒有任何負面情緒，只有源源不斷的關愛與呵護，就如同父母親面對新生嬰兒般的心情，父親給予酒麴如對待孩子般的關愛與能量，讓每一顆酒麴都能做出又香又甜的家鄉味酒釀。我相信這是酒麴們對父親的回報。

米的奧秘

父親曾說過，在家鄉雖然雜糧也可以做酒釀，但還是用圓糯米做的酒釀最好吃，也最珍貴。所謂「米為酒之肉」，這句話引起我很大的興趣。

雜糧也能做酒釀

當時就很想挑戰用不同的穀物做出好吃的酒釀，只是十年來一直忙於教學與演講，女兒也在上學讀書，只剩下先生獨力辛苦支撐酒釀的生產，因此我的藜麥酒釀、黑糯米酒釀、紅糯米酒釀、小米酒釀至今仍石沉大海。

這些很有營養價值的穀物，所做出來的酒釀真的很不錯。通常用藜麥、黑糯米、紅糯米（紅粟米）、小米單獨來做酒釀並不容易，對技術是項考驗，但是如果加入一些圓糯米就不一樣了，很多困難會迎刃而解。

所以從小我一直對於米有些疑問：「為什麼非要用糯米呢？」、「又為什麼非要用圓糯米呢？」、「一樣是糯米，長糯米就不行嗎？」這些問題我問了好多長輩都找不到真正答案。

他們通常都會說：「我媽媽都是用圓糯米來做酒釀，這是老祖宗傳下來的，沒有為什麼。」

遇到比較有研究精神的長輩，他會告訴我：「我們吃的白米不出酒，一定要用圓糯米，出酒量多。用長糯米一樣不容易出酒，至於為什麼我也不知道。」

因為找不到答案，問不出所以然，就只好擱在心裡繼續納悶。但是當決定要把酒釀傳承下去的那天起，我就告訴自己非把原理弄懂不可，在科技掛帥的今日，唯有讓大家了解酒釀是很科學的，年輕一代才不會覺得這是老掉牙的東西、落伍的事情，沒有學習的必要。

當酒釀製作是屬於生物科技產業時，必能提高學習者的興趣，繼續傳承並且發揚光大。

我想到最簡單的方法，就是把米都拿來比較，說不定會看出什麼端倪。十年前上網找資料，只能找到最基本的，雖然是最基礎的資料，但透過比較蓬萊米、在來米、長糯米、圓糯米後，對米就有初步的了解與認識，再也不怕做好吃的米食點心時會選錯原料了。

豐富的五穀雜糧也可以製作出
風味不同的酒釀。

稻米分三類：
粳米類、秈米類、糯米類

1. 粳米類，如蓬萊米，米粒短圓、粗厚、透明，飯有黏性，黏韌、具口感，用於煮飯、煮粥、製作壽司。

2. 秈米類，如在來米，米粒細長、扁平、透明，飯無黏性，乾鬆。用於製作蘿蔔糕、碗粿、米苔目、米粉、河粉、碗粿等米食。

3. 糯米類，多半米粒顏色白、不透明，可分為粳糯、秈糯兩種。

粳糯，如圓糯米，米粒圓短、顏色白、不透明，飯黏性強，軟黏，用於製作湯圓、年糕、麻糬、酒釀、釀酒等。秈糯，如長糯米，米粒細長、顏色白、不透明，飯黏性低，軟黏，有韌性，可用於製作油飯、粽子、八寶粥等。

由以上資料可以知道，三種米當中糯米類黏性最好，再來是粳米類，秈米類沒有黏性，而在糯米類中當然就是屬於粳糯的圓糯米最黏了，長糯米因屬於秈糯類而沒有圓糯米那麼黏，看來要做好酒釀就必須挑選具黏性的圓糯米才行，長糯米不好發酵是因為它沒有圓糯米來得黏，答案揭曉了，原來是如此！

但這又挑起我另一個疑問，同樣是糯米，黏與不黏的關鍵點在哪裡？它們的結構與成分必定不同，十年前在網路上搜尋不到這樣的資料，所以我朝比較學術來源的方向去查，終於讓我找到答案。

糯米黏與不黏的關鍵點在支鏈澱粉，當支鏈澱粉含量高時，烹煮後米飯的黏性強。下表為四種米的直鏈澱粉與支鏈澱粉比例：

	直鏈澱粉	支鏈澱粉
圓糯米	0～3%	97～100%
長糯米	6～9%	91～94%
粳米類	16～21%	79～84%
秈米類	26～32%	68～74%

麴菌藉由發酵過程中本身所分泌出的澱粉酶，將稻米的澱粉分子進行水解作用，把澱粉分子拆散為葡萄糖單體，因為支鏈澱粉的結構有如樹枝形狀，能擁有更多的澱粉分子末端，所以相對的在發酵過程中將澱粉分解成葡萄糖的速度較快。

雜糧酒釀的成功秘訣

父親說在湖北的老家竹根灘是不產白米的，由於鄰近的產米區離家非常的遠，所以白米及糯米都算是外來

品，價格都比較貴，平時只能用自家種植的雜糧來做酒釀，等過年過節時才會花錢去買糯米，才能吃到珍貴的糯米酒釀。

用高粱、大麥、糯小米做的酒釀被視為窮苦人家的酒釀，雖然口感一樣很甜，跟糯米酒釀不同的是不出酒，沒什麼酒露，口感也比較粗糙。

黑糯米的種皮呈紫紅色，有紫米、紫黑米、血米等不同的名稱。其營養價值很高，花青素及鐵質含量十分豐富，可補血補氣，自古以來一直是珍貴的滋補強身食品，因此很多人喜歡用黑糯米來做酒釀，但是卻常常因做不好而氣餒。

黑糯米不容易發酵是因為它是長糯米的關係，如果在製作時加入 1/2 或 1/3 的圓糯米，就能輕鬆做出可口的紫米酒釀了。同樣的道理，想要創新研發不同口味的酒釀時，遇到任何不好發酵的糧食，加入適量的圓糯米就可輕鬆搞定。

圓糯米出酒狀況最好，做雜糧酒釀時放入適量圓糯米，就能做出更佳的口感。

圓糯米的特性

圓糯米營養豐富，含蛋白質、醣類、脂肪、維生素 B_1、維生素 B_2、鈣、磷、鐵等。中醫理論記載圓糯米性溫味甘，可補中益氣、生津止汗、止夜尿。圓糯米支鏈澱粉含量高，米飯質地軟黏，適合做成湯圓、麻糬、年糕等點心，而且因為出酒率高，常做為釀酒原料。

用圓糯米做成的湯圓、麻糬、年糕等點心，因黏性高而難消化，有腸胃方面疾病者不宜多吃，但是如果將糯米粥煮至「極爛」，可治胃寒痛、胃潰瘍、十二指腸潰瘍，補養人體正氣，很適合脾胃虛寒及怕冷、易手腳冰冷的人食用。

現在各種米的差別、成分、功效，上網一查就有資料了，網路上的知識訊息量增加得真快速，讓網路世界變成一個隨身大圖書館，但也因方便而讓我更加小心謹慎，深怕自己放上去的資料有錯誤而誤導別人，或是沒有再去求證查詢到的資料，讓自己吸收了錯誤的觀念……

圓糯米是粳糯，米粒圓短、顏色白、不透明，支鏈澱粉含量高，因此飯黏性強，適合製作湯圓、年糕，更是做酒釀最好的原料。

尋找有機圓糯米，做最健康的酒釀

2004年接手家傳酒釀後，我就開始積極推動生產「有機米甜酒釀」的計畫，打算將製作酒釀的圓糯米改為有機栽種的「有機圓糯米」。當時家人對台灣的有機米沒信心，而且價格又比一般糯米貴一倍多，重點是品質也沒有廣告說的好，時常傳出有大品牌被驗出農藥殘留。

但是我並沒有因此放棄，我覺得以有機米生產酒釀是未來的趨勢，一定要走在前面做示範推廣才行。

而會如此積極想用有機米是有原因的，自從家中開始做酒釀後，最常遇到的問題就是米質不穩定。由於爸媽年紀都大了，又是純手工生產，每天生產量有限，買米時也不敢多買，一來怕量多不好保存，二來眷村地方小，怕沒地方儲存。照理講，常常小量買米，米質應該比較新鮮才對，為何會成為我們的困擾？

米的品質不穩，
每次都須重新配方

原因是只要每換一批米，所有配方就要重新調整，才能達到父親完美的口感標準，試做過程很辛苦，每次都要嘗試很多版本，每批米都要絞盡腦汁將酒麴與糯米配到黃金比例，才能讓口感一致。<u>我一直很希望能將酒釀的製作，規畫出一套標準操作流程，但是光在麴與米的配比上就根本無法做到。</u>或許是父親對口感與香氣太過挑剔，太過要求品質一致，對我來說沒多久就要來這麼一次，真的是很頭疼也吃不消。

通常冬季買米的次數頻繁，照理應該都是同一期的米才對，所以父母親曾經留下米袋，向碾米廠指定要某個包裝的米，但即使是同樣的包裝，做出來的酒釀口感仍然不同，詢問過碾米廠才知道，米都是從不同地區收來的，所以看米袋是不準的。

對我而言這是很可怕的一件事，米是在地米、還是進口米？沒有生產履歷，消費者也無從查起。因此，每次新進一批米，我心中總是擔憂這批米安全嗎？這米為什麼做起來怪怪的？整顆心懸在半空中，無法為品質把關的感覺很不踏實，即使我們的酒釀口感做得再香甜，也不能保證沒用到有

米的品質穩定才能事半功倍做出好酒釀，有機米是最佳的選擇。

問題的黑心毒米。我深怕原本是養生的酒釀，因為不小心用了被汙染的米而成了有毒酒釀，豈不罪過。

在花蓮找到心目中的好米

因此我開始積極著手蒐集有機圓糯米的資料，並且觀察栽種的生產者、上網查詢每次抽樣的檢驗結果。雖然不會馬上使用有機米，但我把它當成原料的觀察篩選期，希望時間能讓我找出從未出問題的有機米生產者。

早期有機米生產量並不多，有機圓糯米更少，我們也沒那個產量可以請對方為我們契作，失望之餘剛好看到 2005 年全國有機米評鑑大賽是由花蓮縣富里鄉有機良質米產銷第一班所生產的「信安有機米」榮獲參等獎，得獎當時生產者已從事有機栽種十一年了。因為花蓮富里的環境是我中意的，所以就更深入去了解這位生產者的背景。

這是花蓮第一個有機米產銷班，班長簡明志先生從 1994 年開始試種有機米，1996 年因推動有機米栽培成功，榮獲台灣省十大傑出農民。他不但教導班員們種植有機米及使用韭菜與大蒜汁來做病蟲害防治，更帶領班員加入花蓮農業局所推動的無毒農業，同時還收購班員所生產的有機稻穀自行加工與銷售，讓班員們得以安心種植無後顧之憂。因為擔心有機稻穀委外碾米會受到非有機米的汙染，為了確保生產過程的品質，他甚至籌資建造大型乾燥、碾米、包裝等一貫作業的加工設備，這麼用心的一位生產者所生產的稻米，就如同他的品牌「信安有機米」一樣，他們家的有機圓糯米讓人「信」任又「安」心。

雖然花了二年的時間觀察政府每三個月抽查的有機米檢驗報告，也找到了可信任的品牌，但是家人還是興趣缺缺。原本我想用強硬的手段來個家庭革命逼他們就範，同時因使用有機米會提高成本，售價必定得跟著拉高，心想或許能趁此機會將父母親當初所定完全不符生產成本的價格順勢調整，但是也很擔心眷村的顧客會難以接受。

一通電話，催生有機米酒釀

就在猶豫到底要不要強制執行時，接到一通扭轉情勢的電話，經營網路優良農特產品的許秀曼小姐打電話給我，他們是幾位很有心的年輕人，出生在被稱為草莓族的世代裡，合力於 2005 年成立了 HUG 網路超市，用熱

情證明他們不是草莓族，經得起考驗也不怕吃苦。他們專門找尋台灣在地優良的農特產品，在拜訪過生產者和確認產品品質後，將這些農特產品放在網路上銷售，並加強行銷。由最初一位的合作農友開始，這十年來他們已經跟超過一百位生產者合作了。

他們是在網路上看到我們的故事，覺得很感動人心，想透過網路推廣酒釀給大家認識，希望我們能生產有機米酒釀在網路超市販售。就這樣一拍即合，順水推舟，終於在 2006 年 11 月正式推出全球第一個以有機米生產道地眷村口味的「有機米甜酒釀」。

在將近九年的有機米酒釀推廣下，很高興近幾年終於看到有同行知音跟進，也開始以有機米生產酒釀了。能用好原料來生產好品質的酒釀，這是件非常令人高興的事，十年來我一直很遺憾雖然很早就研發出新口味的酒釀，但是卻只推出了「紅麴甜酒釀」，現在看到市面上有了一些不同口味的酒釀，真替消費者感到高興，這表示酒釀的產業正在進步與創新中，也表示酒釀不會失傳，在酒釀的時代傳承意義上是個天大的好消息。

儘管用有機圓糯米來做酒釀比一般圓糯米來得嬌貴難照顧，每一個環節都要更注意，不得馬虎，但是當抓到有機米操作條件後，這九年來每批米的品質都非常穩定，不需要操心每換一批米，操作條件就要跟著換。生產有機米做的「眷村甜酒釀」雖然更費工，過程也要更細心，但是我的心中是踏實的，因為做出來的每瓶「有機米甜酒釀」都可以非常安心的交到客人手上。

所以——

我愛有機米，因為可以永續經營這片養育我們的土地。

我愛有機米，因為這些稻米都在被愛的環境中長大。

我愛有機米，因為它會喚起大家的善心，讓大家回歸最初的心。

我愛有機米，因為用它做出來的酒釀是讓人安心與開心的。

感謝所有堅持使用有機耕作、無毒農業、自然農法的生產者。

感謝使用與支持這些農產品的消費者。

更感謝酒釀好友們對以有機米製作的「眷村甜酒釀」系列產品給予支持與肯定，讓我們有動力繼續努力下去。

水到「麴」成

「好山出好水，好水釀好酒」，這
是釀酒人的口號，由於釀酒過程中會
加入一定配比的水，所以自古釀酒就
很重視水的來源，很多名酒會特別標
榜使用了哪個有名的好泉水，因此能
擁有一口好水源非常重要，這也往往
成為名酒的特色。

製作酒釀時應該使用什麼水？是教
學過程中學生必問的問題：

「洗米、泡米用自來水可以嗎？」

「淋水攤涼時要用什麼水呢？」

「是不是要用煮過的冷開水？」

「用蒸餾水或純水會比較好嗎？」

「可以直接用過濾水嗎？需不需要
煮過呢？」

「過濾水要用逆滲透，還是用電解
水，哪一種水比較好？」

每當學生問我有關水質問題，我通
常會用一個家鄉的故事來回答，等學
員聽完故事後，對水就比較有感覺，
而且對於麴菌與水之間的關係也會更
了解。

水為酒之血，雖然酒釀是釀酒的前段製程，
不需要大量的水，但洗米、泡米、攤涼都需
要用到水，仍不可輕忽。

多功能的池塘

我記得二十五年前第一次隨父親返鄉探親，當時住在農村的老家，那裡沒有自來水，連生活用水都必須出去挑水回來，所以廚房裡有幾個儲水用的水缸，他們會將水經過幾次沉澱後再使用。

老家旁邊有一口不太大的池塘，父親青少年時期曾在這裡試航他自己做的汽動船，轟動了全村。這個池塘在夏天會開著美麗的荷花，白天是鴨子的嬉戲場，雖然池水混濁，但是堂姊們卻有辦法把衣服洗得雪白，傍晚時姪子還會跳入水中邊玩邊洗澡，當時我就覺得這個池塘真特別，真的是一口多功能的池塘。

有一天在池塘邊散步，父親指著池塘問著家人，「現在還是吃這池塘裡的水嗎？」

「是啊！還吃這水。」

父親問：「為什麼不打井呢？」

家人說：「這個地區打出的井水都是苦水，不能喝。」

聽完這段對話，當下我真的非常吃驚！想著這幾天我所吃的、喝的、用的水，全都來自這個多功能的池塘，可是我所用的水看起來都很乾淨呀！一點也不像這池塘的水。最讓我百思不解的是，只經過沉澱就拿來使用的水，卻能釀出超級甜美的酒釀，這是不是太神奇了！

豔夏的海苔涼茶

在家鄉住了幾天後，隨父親去拜訪一位親戚，他們周圍的環境看起來比農村熱鬧。由於家鄉在夏季是著名的火爐，天氣非常炎熱，而且我們又走了好遠的路，口非常渴，一進門主人就招呼我們先喝杯涼茶。

天氣熱，口又渴，一聽有涼茶，心裡好高興。主人提著大水壺將涼茶倒入碗中，我雙手接過這碗淡黃色的涼茶，兩三口就喝完了，當時只覺得味道滿特殊的，沒什麼茶葉的味道，心想這涼茶可能是茶葉放得少。主人見我喝得快，問我還要不要，我笑著連忙點頭，就這樣咕嚕咕嚕連喝了三碗，邊喝心裡邊想這家人真貼心，天氣這麼炎熱，知道我們要來，還特地先煮了茶放涼，好招待我們。

這茶真的很特別，喝入口有點海苔的味道，感覺滿特殊的，我心裡想有可能就像我們夏天喝的青草茶，只是味道好淡，不像我們的青草茶那麼濃郁，不知道是什麼茶去煮的，很好奇裡面加了什麼配方。

離開時對方還陪我們走了一段路，邊走邊跟父親聊天，我走在後面聽著他們的對話。

父親問：「現在這裡有自來水了嗎？」

親戚回著：「還沒呢！」

父親又問：「那你們還跟以前一樣喝溝裡的水嗎？」

親戚說：「是啊！就喝這溝裡的水。」

被蓮田所覆蓋的池塘，是家鄉的用水來源，從飲食到清洗，都是來自此處。

順著他手指方向，看到路邊的小水溝，我終於明白所謂的涼茶根本不是青草茶，煮開放涼的白開水就叫「涼茶」，茶的顏色是因為溝裡的水就是那個顏色，特殊的海苔味源於溝裡長滿了青苔，從頭到尾都是我自己誤解了涼茶的意思。當時我覺得自己從小就有自來水可用，真的好幸福。從那個時候開始，每次遇到限水、停水也不會再抱怨，等到水來了，內心總是高興得謝天謝地，讓我能再次享受有水的幸福。

使用乾淨與安心的水源

自來水成為生活上不可或缺的基本配備後，大家開始擔心存在於自來水的水質隱憂。比如消毒用的添加劑讓水中含氯；管線老舊，水管中的物質會溶出；遇到停水，負壓容易造成汙水回滲，一般人對自來水的品質沒信心，人人都希望自己與家人的飲用水是安全的，所以各式各樣的濾水設備就變成家庭的新寵兒。

再加上全球環境汙染，蒙古的霧霾都會吹到台灣了，更何況是藏在雲裡的工業汙染物到處遊走，沒人知道會流浪多遠才隨著雨水流到地面，而地下水的水脈是流動的，雖然經過大地層層的天然過濾，但是否能過濾乾淨，還是要經過檢測。

製作酒釀雖然屬於釀酒前段，不需要大量的水去釀造，但是在洗米、泡米、蒸米、淋水攤涼的過程中還是需要用到水。

自己在家小規模釀製酒釀，用水量不大，如果不放心用自來水，洗米與泡米可以改用過濾水；淋水攤涼時可以將過濾水煮開，放涼後再使用。基本上只要是自己能安心食用的乾淨水源就可以。如果是專業製作酒釀，用水量大，有老天恩賜的好水源是最好

不過，但是別忘了還是要經過水質檢測。使用自來水做酒釀，就要注意當地的自來水品質，並且要使用過濾設備過濾自來水後再使用；沖涼過程中如果直接用自來水，就要注意水中的餘氯對麴菌產生傷害。

水到「麴」成是有原因的，釀酒古諺說「麴為酒之骨，米為酒之肉，水為酒之血」。在我的觀念裡萬物是相生相剋，真正去認識酒釀後，知道製作酒釀的關鍵點在於：怕油、怕鹽、怕溫度不對。在麴菌尚未長成時，只要避開這些頭號殺手，環境中無油、無鹽、溫度對了，麴菌順利發酵培育成功，它就會變成有抑制腐敗菌作用的強勢菌，所以經過沉澱的多功能池塘水，當條件對了，一樣能做出甜蜜蜜的家鄉味酒釀。

Chapter 7

如何自製
幸福甜酒釀

自立甜酒釀
手工釀造 增產報國
眷村美食 家傳古法
眷村傳統甜酒釀・有機米

酒釀製作標準流程

材料

圓糯米 600 公克、酒麴 3 公克（依照所買的酒麴說明比例）、淨水適量

在準備材料時要注意以下幾點：

- 圓糯米與酒麴的比例各家不同，必須依照所買到的酒麴決定，才不會失敗。

- 酒麴如果是放在冰箱冷凍或冷藏，最好在三天前取出放在室溫中，讓酒麴醒一下，使用時可磨好或壓碎成粉末狀，裝入乾淨的小胡椒罐中。

- 從洗米、浸泡到淋水攤涼等所有使用到水的步驟，為避免有雜菌干擾發酵，最好使用能飲用的水，如冷開水、過濾水或者市售礦泉水等乾淨、令人安心的水源。

- 少量製作時因傳統酒麴粉量少，容易攪拌不均，有些人會加一點麵粉增加麴量，或是加少量水調成麴水，幫助拌勻及發酵。

- 由於是自己動手做，請直接採用好食材，建議可以選擇有機圓糯米。

器具

洗米盆、瀝水盆、電子秤、水壺、蒸籠、蒸布、飯勺、湯匙、胡椒罐、玻璃瓶、保麗龍箱

器具使用前要注意以下事項：

- 如果器具上有鹽或油脂會影響發酵。尤其油會附著在米飯上，使麴菌沒辦法呼吸或是滲透米粒，造成發酵失敗。因此，**鍋、碗、瓢、盆等所有使用到的器具，甚至桌面和我們的雙手，都不可以殘存油或鹽**，一定要徹底洗乾淨。

- 最後用來裝酒釀的瓶子必須先用**熱開水燙過殺菌**，以免雜菌影響發酵。（裝過泡菜或豆腐乳的回收空瓶不能用來裝酒釀，否則容易造成酒釀有異味或不易發酵。）

酒釀的製作流程 •

1. 洗米
將米以淨水輕柔的淘洗乾淨。

2. 浸泡
將淨水注入洗過的米中，浸泡 6 ～ 8 小時。

3. 再次清洗
將米再以淨水清洗一次。

4. 瀝乾
以瀝水盆將米中的水分瀝乾。

5. 蒸米
準備蒸布與蒸籠，將蒸鍋內的水煮沸，接著把米倒入蒸籠，用手鋪平，放到蒸鍋上以大火蒸約 40 分鐘。

6. 撥鬆米飯
把蒸好成團的米飯以飯勺直接在蒸籠中撥鬆。

7. 淋水攤涼

將撥鬆的米飯倒入瀝水盆，快速淋上冷水，讓水從下方瀝出，不要使米飯浸泡水中；同時繼續撥鬆至粒粒分明，並讓米飯降低溫度。

8. 拌麴

將撥鬆攤涼的米飯移到盆中，一層層撒上麴粉，充分拌勻。

9. 裝瓶

拌勻後開始裝瓶，以湯匙將米飯舀入玻璃瓶中，並且一層層輕柔按壓填滿。

10. 保溫發酵

盡快放入保麗龍箱中保溫，等待酒釀發酵。

酒釀步驟心法解說

想要做出好酒釀，最重要的一件事是：從決定要做酒釀開始，就以歡喜的心，迎接這一鍋幸福的酒釀到來；以祝福的心，希望吃到這一鍋酒釀的人都能身體健康。接下來就延續上一節的製作流程，分享我們家製作酒釀的秘訣與方法，並且依照每一個步驟仔細說明。

1. 洗米

替有機圓糯米洗個快樂的澡，就像平時洗米一樣，約洗三、四遍。

早年看父母親洗米時的神情都非常認真與專注，絕對不會有急迫、應付交差的心態，他們連洗米都是很認真地用心力在洗，只是他們不會形容，也沒有去察覺那種情感的交流。

我記得多年前曾經看過一則電視報導，在日本有間百年釀酒廠，他們有很多傳承上的規定，從洗米開始就非常講究，除了規定洗米的力道外，還規定洗米時手要順時鐘洗幾圈，多一圈少一圈都不行。看完這段報導後，令我覺得心有同感，我相信他們能屹立百年自有其道理在。

因此，對待做酒釀的米也是如此，清洗時要力道輕柔，不要刻意揉搓，享受米在手中滑動的感覺，以溫柔疼惜的心對待得來不易的嬌貴糯米，感謝辛勤的農夫耕種，感謝豐饒的土地孕育，感謝糯米將成為促進人們健康的甜酒釀。

2. 浸泡

洗好的米浸泡 6 ～ 8 個小時，冬天浸泡時間需要長一點，但不超過 8 小時；夏天浸泡時間短一點，大約 6 小時左右。

老一輩說米要泡一個晚上，睡前泡米，起床後就可以蒸米了，我後來發現這個方式套用在今日會有問題，因為有人早睡、有人晚睡，每個人起床時間也不同，所以所謂泡一晚的時間每個人都不同，講「泡一夜」真的誤差很大。

而且浸泡是為了讓米充分吸水，水質的軟硬度、水的溫度、當天的天氣狀況、米的種類、米的產區等因素，都會影響泡米時間，多試幾次就能抓住自己環境的條件了。

3. 再次清洗

　　將泡好的米，以過濾水再沖洗一、兩遍，尤其是夏天溫度高，泡米時間一久，就容易有餿味產生，如果沒有經過再次清洗，做出來的酒釀容易有異味。

4. 瀝乾

　　把米的水分稍微瀝乾，是為了避免含水量太多，造成蒸好的米飯太過軟爛，如果米飯含水分多時，做出來的酒釀口感容易偏酸。瀝乾時只要看到瀝水盆不再滴水即可。

5. 蒸米

　　最好是使用蒸籠來蒸米，速度快也蒸得透。放上蒸籠前，蒸鍋內的水要先大火煮沸，下鍋的水要足量，以免中途水燒乾還要中斷加水（如果要加水也必須加入剛煮沸的水）。然後放上裝滿米的蒸籠，一般以大火蒸40分鐘。

　　但因為米的量、蒸籠的大小及蒸籠的種類都是變數，有個簡單的判斷方式，就是當聞到米飯香味後，開始計時 15 ～ 20 分鐘即熄火，然後繼續燜10 分鐘，就可以起鍋。

在蒸籠內先鋪上蒸布，接著將瀝乾的米倒入蒸籠，以手將米粒鋪平。

6. 撥鬆米飯

剛蒸好的米飯會結成一團，以飯勺先在蒸籠中將米飯撥鬆，並且讓蒸氣冒出，讓溫度稍微下降，這樣稍後淋水時會比較好操作。

7. 淋水攤涼

將蒸熟的糯米飯取出，放入有孔洞瀝水的籃子中，準備一個好拿的容器，如水壺或量杯，裝滿淨水，然後一手將水均勻倒在米飯上，另一手很快速的將米撥散，水會從瀝水籃的小孔流出，重複做，直至米粒呈現粒粒分明，同時米飯會降溫。**記得動作要快，如果米飯吸太多水分，會造成後續做出來的酒釀帶酸，但是力道一定要輕柔，心也不可以急躁。**

此外，也可以不用水沖涼，直接把飯撥鬆，並用電風扇吹涼，只要別讓糯米飯結成坨就好。不論是淋水攤涼法或是吹風攤涼法，米飯溫度都不可以高於 30℃。由於人體的體溫約 36.5℃，如果沒有溫度計，**只要用手觸摸米飯，感覺飯不比手熱即可。**

蒸好的米飯結成團塊狀，所以要先撥鬆，才更方便進行淋水攤涼的動作。

拌麴之前要先將麴磨成粉，裝在
胡椒罐中備用。

讓全部米飯都先沾染上薄
薄的酒麴算是第一層，通常
要來回拌到四層才能把麴粉
撒完；而不會拌麴的人，往
往第一層還沒拌完，麴粉就
已經撒完了。

所以撒麴跟拌麴的力道要
配合得非常完美，撒麴時手
要非常放鬆又輕柔，一用力
就撒得不均勻；拌麴時要放
鬆的使力，要不然手腕很容
易受傷。一般人常會覺得反正只要將
整鍋米飯攪一攪，拌一拌，讓米飯之
間互相沾染到麴粉不就好了。理論上
是如此，因為同樣會發酵，只要酒麴
好、保溫做得好，口感一樣也不會差，
只是這樣就無法讓甜酒釀變成酒釀公
主口中「外婆的酒釀」了，所以我們
謹遵此法不敢怠懈。

8. 拌麴

事先將酒麴磨成粉，裝入乾淨的胡
椒罐中，再均勻撒在糯米飯上，攪拌
均勻。

在拌麴時，由於飯多麴量少，父親
傳給我們的方式是必須一層又一層的
慢慢撒、慢慢拌，急不得也快不了，
但是又不能真的動作太慢。

拌麴的手法很重要，我們可將它分為四個步驟，請參見右圖。

拌麴是一個很重要的步驟，但自己在家少量製作其實不難，**即使沒有拌得很均勻，只要米飯粒粒分明，發酵時保溫做得好，讓同一鍋米飯都能溫度平均的發酵，就可以做出成功的酒釀。**

如果是營業用的大鍋就完全不同了。麴粉和米飯沒有拌勻，即使做好保溫，因為大鍋中的米飯有厚度，內部不容易達到發酵的溫度，溫度低的地方麴量太少，就無法在第一時間發酵，而是靠後來浸潤發酵，雖然可能最後整鍋還是成功發酵了，卻會讓這鍋酒釀產生雜味。

雜味重，口感不好，程度輕的會顯現在酒釀的氣味或尾味上，不容易被察覺，加上現代人的味覺大多被食品添加劑給蒙蔽了，要能品到這麼細微處並不容易。

A. 將攤涼的米飯移到盆中。

B. 將米飯撥成一邊高一邊低的斜面，然後在表面輕輕撒上一層麴粉。

C. 將米飯表面往低處撥一層，接著再撒上一層麴粉，重複 **B**、**C** 的動作，直到全部的米飯都撒上麴粉。

D. 麴粉撒完後，將米飯整個攪拌均勻。

9. 裝瓶

拌好麴粉的米飯，可以用玻璃、陶瓷、不銹鋼材質的容器來裝，要分裝成小瓶或者一鍋全放在一個容器中都

可以。我們通常是用透明玻璃瓶，比較方便觀察內部發酵狀況。

不要小看酒釀裝瓶，這又是另一個大技術，用以評定操作技術是否到家的依據。做法是用湯匙將拌好麴粉的米飯舀進玻璃瓶中，一層一層輕柔地施力按壓，但每一層的力道不同，才能讓每一粒米飯都有屬於自己的發酵空間。

米飯如果壓得過鬆，等發酵出酒，酒糟浮起時，就會有飯粒稀稀落落的在瓶底酒露中飄浮，雖然並不影響口感，但是這樣很不好看，視覺效果很差，這在我們家是不合格的。

如果怕米飯飄落，沒有遵守每層不同的力道，一昧死命壓出來的酒釀，即使酒糟團結在一起，沒有米飯飄落，口感也一定不好吃，所以力道掌握非常重要。裝好後，蓋子輕蓋就好，不可鎖緊，以利發酵。

裝瓶這個步驟最花人工，沒有經驗的人無法勝任，也不能用機器來取代人工，早期爸媽使用的瓶罐口徑比較小，每次裝瓶時，只能用小湯匙一匙一匙慢慢舀、慢慢裝，所以我最害怕這個步驟，曾經建議爸媽直接做成大鍋，等發酵好了以後再攪散充填，這樣作業就快多了。父親告訴我，如果那樣就不是眷村酒釀了，眷村的人煮酒釀時，喜歡挖出整塊的酒釀煮來吃，有些人煮好也不喜歡打散，他們喜歡吃整塊的感覺。

裝瓶時，用湯匙如圖稍微施力按壓，一層層慢慢裝滿。

因此，即使做大鍋來分裝成零包，也是將發酵好的整塊酒糟，用大湯匙平均分切，再將酒露也平均分配後，才包裝成零包。這樣做有個好處，就是看得見酒露，如果直接打散酒釀，酒糟就會將酒露含住，外觀上看起來會誤以為酒露不見了，所以爸媽從來就不把酒釀打散著賣。

等到我完全接手後，再也受不了小瓶口、小湯匙的折磨，好不容易找到符合需求的大口徑瓶子，可以用大湯匙豪邁地將米飯舀入瓶中，那種感覺真是痛快啊！當然大湯匙一次舀的米飯量跟小湯匙不同，一層一層把飯壓到恰到好處的力道也不同，不過這對熟悉裝瓶的我來說是很簡單的事，只要稍微調整力道就可以了。

10. 保溫發酵

在家裡自己做酒釀，**保溫的工具以保麗龍箱最好用**，如果用燜燒鍋要先以熱水燙過，讓鍋內溫度上升到適合的溫度。

不過，**無論是用保麗龍或是燜燒鍋，都要時時注意溫度變化，才能持續保溫**。也有人會使用優格機來做，只要溫度能控制在28℃～35℃的保溫設備都可以運用。

但是千萬不要用電鍋，也別拿去曬太陽。電鍋保溫時溫度過高不適合。如果裝在透明的玻璃瓶內，就不要拿去曬太陽，因為紫外線有殺菌作用，會造成麴菌死亡；用不透明容器則可利用陽光的熱度，但要記得別曬得太燙，趁瓶子有熱度時趕快收起來保溫，千萬別曬到太陽下山都忘了收。

左圖：後來都改用大瓶口的玻璃瓶，裝填時比較好操作。
右圖：以往酒釀容器是不透明的，裝瓶時會挖一個洞，方便觀察出酒狀態，後來即使改用透明容器，有的人仍會維持挖洞的習慣。

將酒釀裝瓶後，放入保麗龍箱維持發酵前段的溫度。

酒釀只要能在第一時間發酵起來，酒露就能清澈，口感也清甜好吃。如果到了第三、四天都還沒發起來，或是發酵狀況不好，這鍋酒釀的口感就差了。所以前段的保溫很重要，此時糖化菌若因為溫度太低，沒有發酵，反而會讓適合低溫生長的雜菌有機可乘，如果一直處在雜菌生長的溫度，這鍋酒釀就會發霉。若是第一天溫度不夠，第二天再來提升溫度，酒釀做好以後會有不好的雜味。酒釀的麴菌都是屬於強勢菌，只要能在第一時間給予所需的溫度條件，讓它生長起來，發揮強大抑制腐敗菌的功能，其他的雜菌就別想存活。

一般人習慣在冬天吃酒釀，但是偏偏冬天很難做出好酒釀，要是保溫沒有做好，酒麴再好也沒用。以往在農村習慣用棉被包裹酒釀甕，或是放在靠近爐灶的地方，用柔軟的材薪圍住保溫。

印象中，以前在眷村自己做酒釀來吃時，父親都是用箱子圍一個酒釀的窩，然後利用燈泡的熱度來保溫，外面還會罩一層棉布以免熱力散失，很像在孵小雞的情景一樣，很有意思。

當我們販賣酒釀的初期，也一直是使用酒釀窩來保溫，要時時照應非常

辛苦。後來才改用恆溫箱幫助酒釀發酵，不用那麼辛苦也能做出好酒釀。

11. 熟成

酒釀熟成的定義就是吃起來沒有飯或稀飯的感覺，就像是蝴蝶蛻變一樣，完全脫離原來的風貌，變成另一種東西，**外觀上原本的米粒會往中間縮小、凝聚、結成團塊狀，瓶底會有酒露產生，酒糟會浮起來**。如果酒釀甜度太高，因為比重或是酒露被酒糟完全含住的關係，會造成酒糟沉在瓶底。

冬天使用一般居家的保溫方式，大約三到四天會有酒露出現，就可以試吃看看。而酒釀在夏天很容易釀製，只要室內溫度超過28℃，拌好酒麴的米飯可以不用保溫，直接放在室溫下發酵，**天氣炎熱時，最快一天半，最慢二天，酒釀就可以吃了**。此時的酒釀香甜，完全無酒味，很適合小朋友和怕酒味的人；想要酒香味重，還可以讓酒釀繼續發酵到自己喜歡的口感。萬一超過五天還沒有發酵，通常品質不好，容易受到雜菌汙染，建議丟棄。

如果發酵完成，繼續放在室溫中，酒釀會持續發酵，酒味會加重，米飯會形成空殼狀。因為每個人喜好口感不同，有人愛吃香甜的嫩酒釀，有人愛吃酒香十足的老酒釀，當找到自己喜愛的發酵口感時，立刻放入冰箱保存，可延緩酒釀發酵的速度。

1. 夏天放在室溫發酵第二天的狀況，已經有些許酒露出現。

2. 夏天放在室溫發酵第三天的狀況，已經可以在底部看到明顯的酒露。

3. 夏天放在室溫發酵第四天的狀況，酒糟已經成團浮起，此時可以放入冰箱保存，減緩發酵速度。

酒釀的傳承

自立甜酒釀受邀前往萬能科大做傳承教學，希望能讓家鄉酒釀的技術廣為流傳，最後每位年輕同學都能成功做出自己的酒釀。

▲ 蒸米

▲ 淋水攤涼

▲ 拌麴

▲ 裝瓶

◀ 每個人都做出自己的酒釀。

酒釀的品質與保存

　　酒釀到了保存這個階段，表示不論是酒釀或是酒釀的相關產品，都必須已經到達完全熟成期。

　　以酒釀來說，太早或太晚放入冰箱保存，所呈現的口感完全不同。將剛釀好的酒釀放入冰箱，不僅是為了阻斷發酵來保存酒釀，在經過冰箱的低溫洗禮後，也會讓酒釀展現更完美的口感。

　　自己在家做酒釀時，不妨在未放入冰箱前先吃吃看，冷藏一天後再拿出來試吃比較，會發現有不同的口感與味道。

冷凍酒釀凍住新鮮滋味

　　酒釀熟成後可放入冰箱冷藏或冷凍起來慢慢吃，冷藏只能延緩酒釀發酵速度，冷凍才能真正將酒釀維持在自己最喜歡的口味，不會再繼續發酵，這也是冷凍酒釀的最大好處。

　　在我接手家傳酒釀後，推出了以鋁箔夾鏈袋裝的環保補充包。我是第一個推出酒釀冷凍包裝的人，用鋁箔袋裝酒釀，除了方便冷凍之外，還可以直接倒入原有的玻璃瓶中，讓玻璃瓶

使用玻璃瓶可以方便觀察酒釀熟成的狀態，如果酒糟已經浮起，建議放冰箱冷藏，冰釀出更好的滋味。

可以重複使用。因為挑選夾鏈型、可站立的鋁箔袋，直接放在冰箱冷藏室時，可以取代玻璃瓶，而且鋁箔袋能有效阻隔冰箱氣味，避免酒釀吸收了冰箱裡的怪味道。

當時會想要將酒釀冷凍，一方面是有些客人特別喜愛吃嫩酒釀；另一方面則是為了保存在夏天製作的酒釀。

很多人聽了我的建議後，改在夏天製作酒釀，雖然成功率大為提升，但是這些好吃的酒釀，如果冷藏保存到冬天，就會持續發酵變成老酒釀，讓「夏天做酒釀冬天吃」的美意大打折扣，所以我們推出將酒釀冷凍的鋁箔袋裝。

通常冷藏保存的最佳賞味期為二個月內，超過六個月就變成老酒釀，可用於烹飪、醃漬，以去腥提味，是廚師們愛用的調味聖品。

老酒釀只要保存良好，沒有變味，可以放很多年。冷凍保存的賞味期長達十二個月，只要沒有吸收

冰箱的味道，冷凍久藏都沒有問題。

經過冷凍後，酒釀中的糖分會慢慢結晶，出現糖霜，而且結晶量會隨著冷凍時間增加。剛開始有人跟我反應放在冷凍庫的酒釀發霉了，但這實在不大可能，因為在冷凍庫的溫度下，黴菌是無法生長的。

但是若將酒釀殺菁，裡面的活菌就會死掉，不會繼續發酵，這樣的商品在未開封前可以室溫保存，一旦開封就要放冰箱冷藏，這種失去防衛能力的殺菁酒釀，儲存不當或時間過久就會發霉。

好的甜酒釀除了本身功效外，裡面有活菌可以抑制腐敗菌，根本不需要任何的食品添加劑來讓它防腐、增甜、調色。

左圖：使用可站立的鋁箔袋，無論放冰箱冷藏或冷凍都十分方便，接受度很高。

上圖：圖中表面白色部分就是糖霜現象。

品質優良的甜酒釀
應該具備的條件

早一輩人用的酒麴都是自家製造，所以各地做出來酒釀口感會有差異，**不同的口感在各地評價不同，但只要沒有餿水味或苦味，其實並沒有絕對的好壞**，因為有些地區的人愛酒味重，覺得這樣才夠味；有些地方愛吃甜膩，覺得那樣才是真的好吃；也有些地區愛吃酸酸甜甜的感覺，覺得那才是媽媽的味道。而我家酒釀的品質必須具備以下條件才算優良，這是父母親為家傳酒釀訂下的標準，也是他們始終堅持的風味：

甜而不膩

有著天然發酵的清甜味，口感甜而不膩人，直接吃我們的家傳酒釀時，會讓人忍不住一口接一口。

特殊的酒釀香氣

開瓶時就會聞到酒釀特有的香氣，這是發酵的清甜香氣，還有特殊的酒香味，會讓人開始分泌唾液，有開胃的效果。

凡吃過眷村酒釀的人都會很懷念那股特有的香味，因為這是機器量產所做不出來的，每回遇到來找尋童年記憶的客人，總是會被要求：「可否聞一聞味道？」接著就會聽到相同的答案：「對！就是這個味道！終於找到了！」此時也是我們感到最欣慰與驕傲的時刻。

無餿水味

開罐一聞就有餿水味，表示這瓶酒釀做壞了，但最怕的是，這個味道很容易混在無法立刻發現的尾味處。有些酒釀打開時，不論這瓶酒釀味道是清香或衝鼻，會在味道快散盡時跑出來，但是一下子又不見了。這個味道稍縱即逝，一般人不容易察覺，有時也會在直接吃酒釀或是口感的尾味中顯現出來，這些都是不應該有的。

無酸味

酸酸甜甜的口感是很多人對酒釀的印象，也有人覺得酒釀就應該如此，這些都是個人的習慣與自己的喜好口感。只要不是難吃的酸味，大多數都能接受。但我家的酒釀一定是要香氣十足、甜蜜蜜的，才能通過品管。

無苦味

直接吃酒釀時的口感味道，或是口感尾味，都不可以帶有苦味。

有些酒味重的老酒釀容易有這種情形，此時就要能分辨，如果是酒精濃度增高所造成的，可將酒釀做為烹調使用，這樣就不會吃到苦味，還能達到提味效果。

如果不是酒味所造成的苦味就會影響酒釀口感。

酒露清澈不混濁

酒露清澈的酒釀氣味較好，如果酒露看起來混濁，通常雜味較多，品質也不佳。

卷村酒釀的特色是米粒會結成團塊，而且浮在酒露上。每一罐都是手工填裝，費力又耗時。

酒釀製作失敗的原因

酒釀是有生命力的，看起來是用同樣的方法製作，但因為環境、溫度、手法的不同，或者製作過程中有些疏失，都有可能使酒釀無法製作成功。在此將比較常見到的狀況與原因整理如下：

發酵狀況不好

- 發酵時溫度過低，前段保溫做得不好，未能在第一時間發酵起來。
- 酒麴量太少，或者酒麴剛從冰箱取出就直接使用，活性不夠；也可能是酒麴品質不好。

- 使用器具不乾淨，例如有殘存油脂或鹽。

沒有香氣

- 主要是酒麴種類與品質的關係。

酸味重

- 酒麴種類與品質的關係。
- 製作過程米飯含水量太高。
- 發酵時保溫做得不好。

有餿水味

- 泡米時間過長，浸泡後沒有經過再次清洗，殘留雜味。
- 酒麴品質不好，有雜菌汙染。
- 發酵時溫度過低，全程保溫工作做得不好。

有苦味

- 酒麴品質不好。
- 酒麴量放太多。
- 可能是發酵過久的老酒釀。
- 發酵時凝結在蓋子上的水氣滴落在酒釀中。

品質優良的酒釀，一打開蓋子，會聞到清甜的酒釀香氣，令人垂涎。還會聽見酒釀發酵的聲音喔！

Chapter 8

兼具保健與
美味的紅麴

紅麴甜酒釀中充滿生產者對於食物的理想與堅持。

中國人使用紅麴的歷史可追溯到一千年以前，雖然真正的起源已不可考，但早在三國時代紅麴已出現在詩句當中，而最早出現紅麴製法的文獻是在南宋末年；到了明朝，紅麴的製造更為普遍。

紅麴米的台語稱為「紅殼」，發音為「安卡」，台灣使用紅麴的歷史約有一百二十年，日治時代的台灣總督府專賣局（現今台灣菸酒股份有限公司）已經培育出優良菌種，並在酒廠內設置大規模的紅麴工廠，生產的紅麴品質佳、色澤美，用來供應酒廠製作紅露酒。

製作紅麴是將「紅麴菌」接種於蒸煮過的蓬萊米（粳米）或圓糯米（粳糯）上培育，所得到像紅色米的發酵物就叫紅麴，烘乾後就是市售的紅麴米，加以研磨即為紅麴粉。

不建議自行培育紅麴米，因為好菌種不易取得，而且紅麴菌生長緩慢，培育過程繁瑣耗工，稍有不慎便容易被雜菌汙染；培養太多代，菌種也容易變種，沒有好的菌母，發酵過程還可能伴隨色素代謝產生「橘黴素」，也就是一般人所熟知的「紅麴毒素」（citrinin），具有輕微肝腎毒性，長期食用有害健康。

紅麴菌株有兩百多種，並非株株都是紅麴超人，不同菌株具備的療效有強有弱，市面上紅麴米大多是用來做染色及釀造用，保健效果屬於溫和的食品級。

市售保健食品使用的紅麴，都是篩選療效強大的特定優良菌株所培育，與醫療用的紅麴價差非常大，紅麴流行初期，曾有不肖商人用一般的紅麴米磨粉，做成紅麴膠囊出售，賺取暴利。因此，不管是買紅麴米或是紅麴膠囊，都必須選擇經過檢驗合格且信譽優良的商家購買。

健康與美味時常令人很難取捨，紅麴釀製的產品卻能兩者兼顧。適量食用含有紅麴的食品，不用擔心紅麴的劑量太高，不失為安全又有效的保健方法。

know-how

紅麴的特性與好處

　　紅麴能產生多種對人體有益的重要物質，幫助消化、去油解膩、排除身體負擔，為忙碌的現代人提供最佳保健良方。

　　例如可以抑制人體內低密度脂蛋白膽固醇。1999 年 2 月美國《臨床營養學期刊》曾發表一項研究報告指出：<u>經過人體試驗，每天吃 2.4 克紅麴粉，八週後低密度脂蛋白膽固醇明顯降低。</u>

　　所謂「低密度脂蛋白膽固醇」，一般稱為壞膽固醇，它會附著在血管壁上，容易產生血管栓塞，導致動脈硬化；而「高密度脂蛋白膽固醇」是好的膽固醇，會將膽固醇從周邊組織輸送到肝臟代謝，具有保護血管功能。想要保持健康，體內必須有較多的好膽固醇與較少的壞膽固醇。

　　紅麴還有許多保健特性，簡單說明如後：

紅糟是最常見的紅麴製品，可以醃漬食品、可以調味、可以當抹醬，是健康又美味的食品。

紅麴的傳統保健特性

- 味甘性溫、健脾、益氣、溫中、消食、活血、化瘀，四季食補皆宜。
- 有利氣血循環、幫助消化，有益跌打損傷恢復。
- 幫助產後惡露排淨及緩解生理期瘀滯腹痛。

紅麴的現代保健特性

- 調和血脂濃度、優先抑制壞膽固醇合成、預防動脈硬化。
- 降低三酸甘油酯，減少飲食後三酸甘油酯急速升高對血管的破壞。
- 幫助穩定血壓、平穩血醣、預防心血管疾病。
- 減輕肝臟負擔、抗疲勞。
- 安定神經、提高記憶力及腦部機能，減少老人痴呆症發生機率。

紅麴使用上的禁忌

有些人要避免食用紅麴，如有疑問請詢問醫師。如：

- 懷孕和哺乳期的婦女以及二歲以下幼童。
- 患有嚴重疾病、感染症、肝病或外科手術後的患者。
- 正使用降血脂、紅黴素、甲狀腺疾病相關藥物的患者。

紅糟與紅麴米的分別

紅麴台語稱為「紅殼」（發音為 "安卡"），指的就是「紅麴米」，為釀製紅糟的一項重要原料，因此紅糟也常有人直接稱為紅麴，而在名稱上分不清楚，誤以為紅糟就是紅麴米，以致經常買錯，所以要確認是乾的紅麴米，還是濕的紅糟醬，才不會造成誤解。

紅糟製作與應用

　　「糟」就是「粕」的意思，糟是
將釀酒後所剩產物再利用所得的副產
品。紅糟就是以糯米及紅麴米做為釀
酒原料，經釀酒熟成後濾出酒汁，將
所剩下的糟粕殘渣加工後成為紅糟。
例如樹林酒廠的紅露酒與馬祖酒廠的
馬祖老酒都是使用紅麴釀製，釀酒後
的糟粕都可以做成紅糟。

紅糟製作的方法與材料
各地不同，但都很簡單，
可以自己動手做。

說到紅糟，就會想到有名的福州紅糟、馬祖紅糟和客家紅糟，三種紅糟做法不同，風味口感也不一樣。

福州紅糟

{材料}圓糯米 600 公克、紅麴米 38 公克、白麴 5 公克、冷開水 900 毫升

{做法}將圓糯米洗淨，浸泡 8 小時後蒸熟，接著將米飯攤涼，加入紅麴米、白麴與冷開水拌勻，放入瓶罐中，發酵三十至四十天左右，熟成時可濾得酒汁及紅糟。

{應用方法}福州紅糟的烹調手法多變，有煎糟、炸糟、爆糟、扛糟、醉糟、熗糟、拉糟等不同料理方式。福州菜因善於運用各類調味料，而贏得百湯百味的美譽。

客家紅糟

{材料}圓糯米 600 公克、紅麴米 50 公克、20 度米酒 600 毫升

{做法}客家紅糟使用浸泡法，不同於福州紅糟的釀造法。將圓糯米洗淨，浸泡 8 小時後蒸熟，接著將米飯攤涼，加入紅麴米拌勻，然後裝到容器中，倒入米酒後封罐，浸泡七至十天左右，就可以食用。

{應用方法}紅糟有「藏物不敗，揉物能軟」的特性，是保存肉類很好的方式。客家紅糟發揮了客家人勤儉持家的特性，在以前物資較為缺乏的年代，通常要等到過年過節才有大魚大肉可吃，因為捨不得一下子吃完，會將雞、鴨、豬等肉類燙熟後，用紅糟醃漬起來慢慢吃，這樣不但顏色漂亮、肉質軟嫩、味道香醇可口，還可以久放不壞。

馬祖紅糟

馬祖紅糟是釀造馬祖老酒過程中的副產品，在特產店中可以購買到，有著濃郁的老酒香氣，因為製作時未加鹽，料理起來鹹淡皆宜，使用上更為方便。

馬祖紅糟料理也是著名的地方招牌菜，在馬祖幾乎家家戶戶都有屬於自己的私房紅糟，近年來馬祖積極發展在地文化特色，將紅糟結合時下的流行美食或產品，發展成紅糟餅乾、紅糟花生糖、紅糟冰淇淋、紅糟手工皂等各式各樣商品，做成很有特色的伴手禮。

冬至酒釀紅糟

　　我們的家傳紅糟是每年冬至當天用品質最好的酒釀做為基底，加入以有機米培育的無麴毒素優良紅麴米，再經過十個月的孕育期（包括一個月的發酵期、三個月的精釀期、六個月的醇釀期）熟成，才能成為「冬至酒釀紅糟」。

　　這是母親自己研發的特殊釀法，吃過的人都感到「驚豔」，因為「冬至酒釀紅糟」的風味顛覆傳統，不論是口感、香味皆與一般紅糟不同，<u>以甜酒釀所釀出的酒釀紅糟，會散發出帶有特殊醬香的酒香味，而且還能越陳越香。</u>

　　純手工生產酒釀本來就很費工，加上遵循父親的手法就更耗時了，因此在人力有限的情形下，酒釀紅糟一直都是限量生產。

　　冬至是酒釀熱賣的時候，家裡常常忙得人仰馬翻，但冬至同時也是釀紅糟的大日子，因為在冬至這天釀的紅糟特別香醇，而且更耐久放與儲存，所以即使再忙也要做個兩甕。

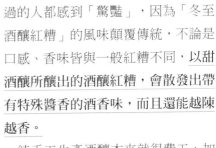

紅麴可以添加至各種食品中，如酒、酒釀等，以酒釀為基底所研發的酒釀紅糟醬，滋味香醇，深受顧客歡迎。

將紅糟以調理機攪打成醬，用途更廣泛，如將酒香四溢的紅糟醬抹在饅頭上，就是簡便又美味的一餐。

很多人常常會問我們：「既然這麼好吃，為什麼不多做一些呢？」我們何嘗不想多做一些，但是套句台灣俗語「生吃都不夠，哪能晒乾」。每年冬至時，酒釀都不夠賣了，還要挪出來釀紅糟，真的是很困難，重點是後續照顧過程更辛苦。釀紅糟最重要的孕育初期，正好是酒釀的生產旺季，

每年能釀個兩甕冬至酒釀紅糟就已經讓人很滿足了。

酒釀紅糟孕育過程需要十個月，做法有如照顧小寶寶，從將紅麴米加入酒釀開始，就要隨時注意它的成長變化，還要判斷下一次探望時間，並注意它的「生理需求」，要攪拌、要靜置、要升溫、要降溫……一切以它的

需求為考量，而不是放任讓它自己發酵熟成，否則保證這缸紅糟很快就會走偏了方向。

我們還會常常跟它說話，告訴它：「你是一甕美麗香醇的紅糟。」並且定時觀察，給予最好的照顧。如果醇釀期過了，卻還沒熟成，我們會以尊重的心，耐心等待著它的熟成，因為我們家的紅糟是有生命的。

{材料}酒釀 900 公克、紅麴米 100 公克、鑽石鹽適量

{做法}將團塊狀的酒釀米粒用飯匙撥散後，加入紅麴米攪拌均勻，用紗布覆住蓋口，輕輕蓋上蓋子（注意不要讓小蟲子跑進去），每天固定時間攪拌一次，持續三十天後，依自己的口感加入適量鑽石鹽拌勻，繼續醇釀三十天即可食用。酒釀紅糟在冬至前後一週內都可製作。

{應用方法}酒釀紅糟能增添食物的香氣及風味，營養美味不會流失，是烹調良伴；打成紅糟醬，質地細膩，用於烹調或蘸醬都很方便。

- 拿來當土司或饅頭的抹醬，也可以直接拌麵、拌飯。
- 拿來當蘸醬方便又好吃，可以蘸薯條、洋芋片、肉粽、水餃、關東煮或做為火鍋蘸醬。
- 用來炒菜爆香，香氣一流，炒豆製品、海鮮類去腥又提味。
- 拿來醃漬生鮮肉類、海鮮等食材，更容易入味，醃漬後蒸、煎、炒、炸、烤，都別有一番風味。
- 將海鮮或肉類汆燙或蒸熟後，再醃漬數日，味道獨特。

{保存方式}

- 紅糟不用添加防腐劑，因為紅麴本身有抑制腐敗菌的功能，如果添加鹽還可以做為天然的防腐抗菌劑，可分裝小瓶方便取用，建議放冰箱冷藏保存。
- 無特別保存期限，保存得當可以多年不壞，而且會越陳越香。
- 紅糟自然紅潤的色澤是天然原色，如用透明玻璃瓶裝，會因光照關係產生褪色現象，放久後與空氣接觸面顏色會變深，這些都是正常的。

{貼心提醒}

- 由於不添加食用色素，醃漬的紅糟肉無法炸出鮮豔色澤。
- 以紅糟醃肉如果有放糖調味，油炸時要小心火力，避免焦黑。
- 光照後不易褪色的市售紅糟，或色澤鮮豔的紅糟肉，都有可能添加了食用色素。

紅麴甜酒釀的誕生

紅麴對心血管方面有很好的保健養生功能。不過紅麴菌的種類很多，不同菌株特性不同，會產生不同產物，具有不同功效。有些適合釀酒，有些適合染色，只有少數菌株會產生具有降血脂及降血壓成分的 monacolin K 及 GABA。

泡紅糟水喝的老先生

記得 2004 年剛接手家傳酒釀的那年冬天，有一位眷村老伯伯常常來買紅糟，買的頻率頻繁得有點奇怪，怎麼想都不可能吃那麼快呀！有一回我就問他：「您是如何烹調這紅糟的？」沒想到答案令我心中糾結萬分。

老伯伯說市面上標榜紅麴的保健品太貴了，他捨不得買，反正紅糟也是紅麴做的，而且又便宜，所以他就把煮菜調味用的紅糟煮水來喝……

當時做紅糟所用的紅麴，只是市面上一般烹調用的，與生物科技所用的「養生紅麴」菌種不同，功效當然也不同，而且眷村客人喜歡加了鹽和糖調味過的紅糟口味，老伯伯的做法和用量讓他攝取過量的鹽和糖，豈不是未蒙其利先受其害嗎？

投入研發紅麴甜酒釀

回家後一直在想「如果紅糟能做得像酒釀一樣，該有多好？」「為什麼不試試看用紅麴來做甜酒釀？」於是我花了些時間了解紅麴的特性，研究紅麴甜酒釀的配方，沒多久就做出香甜可口的「紅麴甜酒釀」。

2005 年 5 月正式推出「紅麴甜酒釀」。紅麴甜酒釀的香氣與傳統白酒釀不同，除了具備傳統酒釀該有的口感風味外，更多了紅麴所散發出來的特有香氣，深受眷村長輩們的喜愛。

用紅麴來做酒釀的構想，不知道以前有沒有人想過與嘗試過，但是有著道地眷村酒釀口味的「紅麴甜酒釀」，我是第一個成功研發上市的。後來在市面上看到標榜紅麴甜酒釀的產品，試吃後都覺得那只是變相的紅糟，並非甜酒釀的風味。

尋找紅麴米的一波三折

初期製作紅麴甜酒釀的紅麴米，都購自批發市場中的南北貨店，但很快

我就發現每批品質有差異，試做出來的紅麴甜酒釀味道也不相同，原來市場中的紅麴米，幾乎都是由大陸各處進口再分裝，讓我完全無法掌握原料的品質。

那個時候雖然沒有食安問題，但是我卻有食安危機意識，常常拿出各種留樣的紅麴米來比對，陷入沉思：「漂亮的顏色及香甜的口感下，看不到的成分是否也一樣美麗？還是只是淪為糖衣一般的誘人？是否會用到黑心紅麴米？有什麼辦法取得像生物科技用的紅麴菌呢？」

心中還擔心，萬一不小心用到染色的紅麴米將有重金屬問題，用到因培育不當產生麴毒素的紅麴米也會影響消費者身體健康，真的很怕會因為自己的疏忽讓紅麴甜酒釀變成毒酒釀。

在刻不容緩的情況下，想到早期台灣公賣局生產的紅露酒，使用的紅麴都是酒廠自己培育，酒廠的紅麴米應該是最好的，於是趕緊去酒廠詢問，酒廠開價一台斤五千元。當我跟父母親說要買酒廠的紅麴米後，母親說：「就算妳算數再不好，也不會連一斤八十元跟一斤五千元都分不出來吧？做生意人都想盡辦法要把成本降低，雖然我們不用刻意去降低成本，但是

也不能相差這麼離譜啊！」

雖然遭到父母反對，但我還是私下再去詢問酒廠，要如何才能買到他們的紅麴米？酒廠敷衍我數次，我依舊想盡辦法要買酒廠紅麴米，這下換酒廠的行政人員嚇到，才老實跟我說，就是希望我打退堂鼓才開這個價錢，沒想到我真的要買。對方好意勸我別買了，並私下透露酒廠紅麴米不輕易外賣，就算賣也會先經過滅菌，以防菌種外流。這下已經不是價格的問題了，因為即使買到也是死掉的紅麴菌，那對我一點意義都沒有。

線雖然斷了，失望之餘卻也提醒了我另一個方向。我查了全台酒廠資料，知道有著百年歷史的樹林酒廠在早年以生產紅露酒聞名，它是全台生產紅麴量最多且品質最好的酒廠，近年來積極與地方合作，已經將樹林發展成紅麴之鄉了。

幾經波折後，總算讓我在「紅麴米家族」中找到優質的等級，由最早在南北貨買到的「紅麴米村姑」，晉升到酒廠級的「紅麴米貴婦」。**這家廠商的紅麴米是在地培育，與酒廠是同菌株，並且有化驗報告，雖然價格高於一般市售紅麴米，卻是我能接受的合理價格。就這樣，我終於可以繼續**

安心製作紅麴甜酒釀。

經過三年多的時間，紅麴甜酒釀品質非常平穩，生產過程及使用量完全可以設定成標準流程，這讓我非常高興。可是有一天，突然發現新到這批紅麴米色澤不太一樣，要非常仔細才能察覺出質感不同，試做以後沒有察覺異狀，但是用量要重新調整過，這讓我不禁開始起疑。廠商提供的化驗報告顯示一切正常，但是內心卻直覺感到不安。

紅麴米的出軌事件

正巧此時參加了一場由台灣紅麴之父潘子明教授所主持的紅麴學術研討會，當天與會者都是這個領域中的學者及廠商。

會中有一位來賓舉手陳述一件事，他說：「我們是專門做紅麴米培育的廠商，培育的紅麴米只供應給生技公司做保健食品。我們非常認真也很小心照顧好紅麴的品質，只因為大環境的關係，不得已選擇將培育廠房移往大陸，所以以後請不要再說大陸的紅麴品質不好，是大家只看價格，沒有去找到有信譽的原料商。」

每天一匙紅麴甜酒釀，拌入稀飯中，不但美味，而且是最簡單的養生之道。

我們真的不應該用地區來評斷產品品質，人心才是最重點的，但是不管如何還是希望根留台灣啊！尤其是需要傳承的技術，在台灣一定要有人傳承下去才行。

　　研討會結束時，巧遇從事食品化驗的友人，從他口中聽到我最想知道的答案，但得到卻是我最害怕的結果。他表示目前供應我們紅麴米的這家廠商為了降低成本，開始向大陸購進紅麴米與自家紅麴米混合，雖然證明了我的懷疑，這批紅麴米品質的確跟以前不一樣，但是我想剛剛才在說大陸也有好紅麴，而且廠商都有附檢驗報告，只要品質沒問題就不用擔心。沒有想到他接下來的話，讓我想馬上衝回家丟掉所有的紅麴米。他說：「廠商調配過好幾個配方版本後，好不容易才符合檢驗標準。」真是晴天霹靂，又是一個令人心痛的障眼法。原物料送化驗，除了是讓消費者安心，更是對消費者負責，同時也是讓生產者更清楚自家產品的品質。檢驗應是監督自己用的，不是拿來作弊用的。

　　一切又回到原點，這次我捨棄了酒廠級紅麴米的迷思，重新開始尋找令人安心的紅麴米。還好老天爺真的很善待我，在以培育人為目標搜尋後，終於讓我找到一家很認真、專業的紅麴米生產者「第一紅麴」，透過網路影片看到媒體對他們的介紹，讓我對培育者的認真態度感到敬佩；而有醫檢背景的我，看到影片中培育菌種的地方和設備如同實驗室般，更是感到興奮不已。

　　在親自拜訪紅麴米培育人何富珍女士後，我發現這是一家一切按部就班、很值得肯定的廠家。巧的是我們都是眷村人，他們用來培育紅麴的有機米，也正是我們一直很信任且使用多年的信安有機米。對我來說，這真的就像天上掉下來的禮物。

　　終於找到我心目中的「紅麴米公主」，自從認識它到現在六年了，它的外觀依舊美麗，血統依舊純正，雖然紅麴原料是經過檢驗合格不含麴毒素的，我還是將做好的紅麴甜酒釀送去化驗。當時化驗單位告訴我不用檢驗那麼多項目，但是我告訴他們化驗是做給自己看的，我希望更了解我的產品。直到檢驗報告確認紅麴甜酒釀中不含麴毒素，才讓我真正的安心，確定在製作紅麴甜酒釀的過程中沒有因再次發酵產生麴毒素，是對自己釀造技術的一種肯定，也是對傳承與信譽的負責。

當酒釀紅糟愛上辣椒

記得國小二年級時，媽媽為了貼補家用就去離家不遠的工廠上班，剛開始放學回家不能馬上見到媽媽真的很不習慣。

國小三年級就愛上烹飪

那時家裡還沒有瓦斯爐，都是用電爐炒菜，家裡廚房等同軍事重地，父母親總是千交代萬交代，大人不在家時不可以隨便打開電爐，說穿了就是擔心小孩不小心把房子給燒了。

由於我真的很想要自己煮東西，就特別留心爸媽使用電爐的步驟，確實記住使用前後的開關機流程。第一次我很小心的煮了一顆水煮蛋，事後鍋子也都洗乾淨歸位，但沒想到媽媽回家後卻問我，是不是自己開電爐煮東西了？

我一直想不通，明明我把廚房收拾得很好，姊姊弟弟也沒有偷告密，媽媽到底是怎麼知道的？

還是我們家的雞蛋都有編號算過數量？當時總覺得做媽媽的就是這麼厲害，好像有神通似的，什麼事都瞞不過她的眼睛。

無辣不歡，害慘家人

但是自從那次之後，母親開始讓我學煮菜。小學三年級時我已經很會炒菜，高年級時就常常幫忙煮晚餐了，**但是媽媽還是一樣很怕我炒菜，只是此時她不是怕我用火危險，而是怕我每樣菜都煮得很辣。**因為她完全不敢吃辣，只要看到菜裡面有放辣椒，都會等我先吃一口才問我：「會辣嗎？」

「不會，今天的辣椒完全沒味道，一點都不辣。」

等媽媽將菜放入口中，還沒咬下去，我就會聽到她喊：「還說不辣，嘴巴都要冒火了！」

「就真的不辣嘛。」

此時媽媽一定轉向父親，「你吃吃看。」

只見父親夾了一口菜，咬了一咬，淡定的說：「嗯！辣。」

媽媽總是驚呼：「妳比爸爸吃得還辣啊！」

「誰叫我是湖北小妞呢？」

說也奇怪，我們家三個小孩只有我嗜辣如命，又愛窩在廚房煮飯，常常把每餐飯煮得讓全家人猛灌冷開水。

我記得弟弟到大學才鼓起勇氣跟我說：「二姐，妳每次煮的菜都很有創意、很特別，味道也都很棒，每次我都很想多吃一些，只是灌水都灌飽了。」

回想我是在小學三年級暑假愛上辣椒的。那時我們家後面有一個小空地，爸爸在那裡種了一些菜，也種了幾棵辣椒，好不容易等到辣椒開花，開始長出小辣椒後，我每天最重要的事就是去菜園看辣椒是否長大了，是否變紅了。

常常望著菜園中小小的青辣椒直吞口水，盼它快點長大！有時候等不及，索性趁著大人不在家，一口氣把能摘的全給摘了，拿到廚房洗一洗、切一切就直接炒來吃。油鍋中辣椒撲鼻的香味，讓姊姊和弟弟直打噴嚏，但是對我來說，那是會讓人口水直流的香味。辣椒一炒熟，就趕快拿碗來裝，雖然分量不多，有時還不到半碗，不過幸好沒人會跟我搶，我總是兩三口就吃完，還沒過癮就沒了。

這個時候就要發揮勤儉的個性，不管是饅頭還是土司，白飯還是稀飯，想辦法把碗裡、鍋中炒辣椒剩下的油漬，一滴不剩的全部吸乾淨。印象中那年暑假菜園中的辣椒從來都沒有機會紅過……

正因為喜愛吃辣，我就開始研發紅糟辣椒醬。

因為喜愛吃辣，更因為想吃到香醇不刺激的辣味，因此投入紅糟辣椒醬的研發。

DIY

紅糟辣椒醬製作

小時候常聽大人說吃辣對身體不好，要我少吃一點，可是吃辣到底怎樣不好，他們也說不清楚。長大後雖然沒人管得動我，但是我常常在想，如果吃辣也可以很健康，是不是就不會有人常常限制我了呢！

為了自己愛吃辣，在釀製冬至酒釀紅糟時，特別留了一些下來，因為我們做的酒釀紅糟很健康，我想要拿來試釀辣椒醬看看。在市場中常看到一些外觀很漂亮的辣椒，但不管辣度如何，就是覺得少了小時候吃到的那種辣椒香氣，每當見到具有辣椒香氣的辣椒就會趕快買下來。有了酒釀紅糟，也有了辣椒，經過六個月的醇釀等待期，熟成開甕的那天，辣椒香氣融入了酒釀紅糟特殊的醬香味中，香氣撲鼻，而且香辣不死鹹，超級好吃的。

我終於成功使用自家的酒釀紅糟做出又香又好吃的辣椒醬，讓吃辣也可以很健康。

{材料} 酒釀紅糟與辣椒的重量比約1:1、鹽少許

{做法} 將辣椒用水清洗乾淨，然後晾乾。接著把辣椒剁碎，或者用調理機絞碎，加入酒釀紅糟與鹽拌勻，裝瓶封口，放置三至六個月即可食用。將釀製好的酒釀辣椒用調理機或果汁機打碎，就是細緻的酒釀辣椒醬。

{保存方式}

- 紅糟辣椒醬不用添加防腐劑，因為

紅麴甜酒釀的建議食用法

- 正確養生觀念是不突然大量食用，而是每天少量的持續食用，最快一個月，最慢三個月，一定會發現身體狀況獲得改善。
- 建議每天晚餐後吃一些紅麴甜酒釀。未經料理的純紅麴甜酒釀，一天最少一湯匙，最多不超過 100 公克。

將辣椒切碎與酒釀紅
糟一起發酵，使辣味
變得溫和順口，充滿
香氣而非嗆辣。

紅麴本身有抑制腐敗菌的功能，並且添加鹽來做天然的防腐抗菌劑，建議可分裝成小瓶，然後放冰箱冷藏保存。

- 無特別保存期限，保存得當可以放很多年，而且會越陳越香。
- 紅麴與辣椒的天然原色讓剛做好的紅糟辣椒醬色澤自然紅潤，如果用透明玻璃瓶裝，因光照關係會有褪色現象，與空氣接觸面顏色會變深，這些都是正常的。

{應用方法}可蘸薯條、拌麵、炒飯、炒菜、塗抹饅頭……，是烹調良伴。除了當蘸醬及拌醬外，還可用於醃漬，能增添食物的香氣及風味。

讓健康再升級的概念

從 2005 年開始，不顧家裡人的反對，不計成本堅持使用無橘黴素的紅麴米來釀製紅麴甜酒釀、冬至酒釀紅糟與紅糟辣椒醬，直到 2009 年爆發黑心紅麴事件，加上 2010 年連酒廠的紅麴餅乾都淪陷，在市場上一片撻伐聲中，家人終於理解我的用心，覺得還好我們用了品質優良的紅麴米。經過了五年，我堅持使用優質紅麴米與有機米的理念，才真正得到家人的認同。

研發一向是我的最愛，要求以健康、營養不流失的方式增加傳統食物的香氣及風味，選對好原料是達到目標的唯一方式。

紅麴風暴

2009 年 9 月開始，紅麴在市面上長紅不退，當時市售紅麴米有九成來自大陸及越南，衛生署抽查市面上的紅麴米，結果全數驗出含有長期食用會傷害肝腎功能的橘黴素，其中六成超標量高達 10ppm 以上，另外四成有驗出橘黴素但未超過標準值，長期食用對身體肝腎一樣不利。同時間衛生署也預告了「食品中真菌毒素限量標準」草案，新增紅麴類食品中幾項限量標準，規定原料紅麴米的橘黴素不得超出 5ppm，紅麴製食品為 2ppm。直到現在每年都有紅麴米被驗出超標案例，在 2013 下半年還驗到有紅麴米超標 12 倍。

酒釀副產品：
甜酒露、甜酒醋與鹽麴

甜蜜的團圓甜酒露

每年冬天是酒釀銷售的旺季，父母親在此時總是要辛苦趕製酒釀與冬至紅糟。尤其過年這段期間會有客人特別指名要訂製甜酒露，父母親為了要滿足客人的心願，總是會想盡辦法擠出時間釀製清甜好喝的甜酒露，而由於做甜酒露需要用到大量的酒釀，在「生吃都不夠，哪能晒乾」的情況下，每一瓶甜酒露都是得來不易。

口感一流的甜酒露

甜酒露是將酒釀濾壓後取得的純汁，過程中完全不加水，全部都是酒釀的原汁，所以產量稀少，成本也高。

將酒釀的原汁濾出，就是甜酒露，在炎炎夏日裡，喝一杯冰冰涼涼的甜酒露，清爽可口。

酒釀製作類似釀酒前段，只要在酒釀中加入數倍的水，繼續釀造就可以變成酒，這就是家庭式簡易釀酒法，

學生們興趣盎然地利用甜酒露調配雞尾酒。

如此釀出來的酒辛辣度高，也會有酒精度，跟甜酒露完全不同。

甜酒露是不摻水的酒釀原汁，經沉澱後顏色為澄清的淡黃色，口感香甜，稍微帶點酒味，幾乎測不到酒精含量，是大人小孩都愛喝的飲品，不論是溫熱的喝，加冰塊冰涼的喝，或是拿來調酒，口感都是一流。

2011 年我在萬能科技大學生物技術系教授「甜酒釀的應用」，那學期我為他們設計了以甜酒露來調酒的課程，當天同學們設計出不少好喝又漂亮的奇特配方，看著這一群即將投入生技產業的大孩子們玩得不亦樂乎，也因此學會掌握甜酒露的特性，心裡期待他們步入職場後，生活有如他們手中的那杯雞尾酒般，色彩繽紛絢麗，同時甜蜜在心頭。

雖然每年冬天所釀製的甜酒露，每瓶都得來不易，但是為了犒賞自己，爸媽也會留下一些，等著春節全家團聚吃年夜飯時，再來好好享受那甜蜜蜜的滋味。

每年的年夜飯，對離鄉多年的父親來說既甜蜜又煎熬，甜蜜的是雖然家中只有我們三姊弟，全家不過五個人，但在孩子就是生命的延續與血脈的傳承下，對隻身來到台灣的父親更顯意義重大，因為這個小小並不富裕的家是他的一切，也是他所有幸福的泉源；而來台後再也無法跟湖北老家的雙親吃上一頓年夜飯，則是父親長久以來最大的煎熬。

每杯酒都注入年輕人的創意，色彩繽紛，各有千秋。

父親這種思親的心情，在我出嫁後的圍爐桌上才終於體會出來，而我嫁得近，回娘家不過是半小時的車程，就可以隨時見到父母，又如何能跟離家千里遠，雙親早就不在的父親相提並論呢？

以甜香療癒身心

出嫁後，在未接手家傳酒釀之前，每年過年爸媽都會為我準備幾瓶甜酒露，讓我在婆家吃團圓飯時，也可以喝到家中的團圓甜酒露。

每當喝著甜酒露，看著自己的孩子並回想在娘家的時光，我都會想起每年大年夜桌上滿滿的家鄉菜與幾瓶甜酒露，這是團圓與幸福的象徵。當全家人喝下香甜好喝的甜酒露時，那些趕製酒釀的辛勞，瞬間就煙消雲散。

甜酒露擁有甜蜜卻清爽的自然口感，喝下它會讓人心中浮現一種幸福愉悅的感受，並且會產生微醺放鬆的作用，能舒緩工作疲憊的身體，當身心都得到慰勞時，總讓我覺得生活是彩色的。看著眼前的家人，不論是娘家或是婆家，只要全家人平安健康的團聚在一起，人生沒有比這個更幸福了。

在眷村文化節中販賣的各種酒釀副產品，很多愛好者會前來尋寶。

醋中極品甜酒醋

　　自然醫學博士陳俊旭醫師多年前品嘗過我們家的「甜酒醋」後，2007 年 7 月 12 日曾經在他的部落格〈陳博士的聊天室〉中分享了「五年甜酒醋」令他驚豔的口感……

藉醋煉心的釀醋法

　　甜酒醋是我們家的私房珍品，由於可遇不可求，而且產量稀少，所以非常珍貴。每年冬天父母都會製作一些「甜酒露」，雖然正值酒釀的需求旺季，加上產量有限，但我們每年還是會留下一些讓它繼續醇釀，熟成為「陳年甜酒露」。

　　這些陳年甜酒露經過窖藏一年的醇釀期後，顏色會由淡黃色轉為琥珀色，存放年份越久，顏色就會越深，偶爾少數幾瓶會因二次發酵自然轉變為甜酒醋。因為是自然發酵，並非接種醋種，所以可遇不可求，就算是同一批生產的甜酒露，也只有零星幾瓶變成醋，不是每一瓶都會二次發酵，也因此顯得特別珍貴，尤其是用時間堆疊所醇釀出來的高齡「陳年甜酒醋」，每喝掉一口，就表示它又向絕版邁進一步。

　　雖然我已經掌握到培育甜酒醋的方法，不需要辛苦等它自然二次發酵，但是甜酒醋的釀造法，還是屬於典型的慢工出細活，讓人完全急不得。釀製方法非常不適合現代人凡事講究快速的心態，必須有耐心慢慢等待，待它熟成後，再慢慢欣賞經過不同年份洗禮後所呈現的香氣與口感。

　　這種欣賞式的等待，其實是很有意思的，因為窖藏醇釀期不是找個地方儲存後就放任不管，而是時時刻刻以一顆最柔軟的心，呵護著這些甜酒醋，這種守護方式的釀造法可以讓人變得沉穩，讓人的心量變大，讓人體悟敬天愛人的道理，與其說在釀醋，不如說是釀心。

　　「藉醋煉心」這一種心性的修煉，釀醋的心會展現在這些醋中，當我們在品醋時，這些醋會不藏私的全部告訴品醋人，這是無法掩蓋也騙不了人的。

私房釀法，跳脫醋的口感框架

　　曾經在一些書籍中看到介紹日本鹿

利用酒釀製作出的副產品，如甜酒露、甜酒醋，每瓶都是珍寶。

兒島的黑醋與義大利巴薩米克醋，很驚訝的發現，這兩種名醋各有不同的特色釀法，這些特色是他們特別強調的，而很有意思的是，這些技術也正是我們照顧甜酒醋的方法之一。

令人引以為傲的是，我們有的一些特殊釀造手法與心法是他們所沒有的，我的願望是把這門技術發揚光大，讓台灣的甜酒醋也能成為世界名醋，再創另一個台灣奇蹟，這也是對孕育我長大的原生土地感恩與回報的一種方式。

我曾經很想幫甜酒醋另外取個名字，因為我覺得甜酒醋跟一般的醋，性質上完全不同，應該重新定位做出區隔。

甜酒醋的口感很特別，直接喝新醋時喉嚨完全不會有任何不適。一般可以直接食用的醋是義大利巴薩米克醋，它是由葡萄釀製而成，必須經過十二年的陳釀才能直接吃，經過喉嚨時的舒適度在坊間已經算最好的了，但我覺得還是略遜甜酒醋一籌。

甜酒醋還有一個很特別的地方，就是它的香氣。那是一種特殊的醬香味，而不是醋酸味，品聞未稀釋的原醋時，甜酒醋的醬香味能讓品聞者唾液迅速分泌。

一般的醋因屬醋酸味，品聞時會讓人胃部不舒服，有想湧酸水的感覺，所以不適合給有消化性潰瘍的人喝，否則容易刺激胃酸分泌；而品聞甜酒醋會促進唾液分泌，喝完後胃部會有暖熱感，曾經舒緩過不少朋友的胃部不適，所以我會用香氣來區分身體對醋的感受，讓身體決定自己到底需要什麼。

甜酒醋驚豔品法

1. 把 5cc 甜酒醋倒入小玻璃杯中，先欣賞它清澈透亮的琥珀色。
2. 接著緩慢嗅吸甜酒醋特有的醬香味，此香氣會促進唾液分泌。
3. 喝一小口含在口中，感覺它的口感，再慢慢吞下，會發現只酸在兩頰，喉嚨無任何刺激感。溫潤順口，促進唾液大量分泌，可體驗到「只酸您口，不傷您喉」的特殊口感。
4. 靜待 5 分鐘，感受腹部開始暖熱起來，身體逐漸由內往外放鬆，同時讓人產生幸福感。

窖藏陳年甜酒醋口感比較

年份	酒香	酸度	醬香	口感	直接飲用
1 年	較濃	較強	清淡	特別的酒醋口感，比較有酒香味	可以
3 年	稍淡	適中	稍微	特別的酒醋口感，酒香味稍淡	可以
6 年	清淡	溫潤	適中	脫離新醋口感，開始熟成，令人驚豔，回味無窮	可以
15 年	稍微	溫潤	特殊	口感最好，會讓人深深愛上它	可以
25 年	輕微	溫潤	特殊	會讓人上癮的極品口感	可以

甜酒醋飲用提醒

- 甜酒醋珍貴稀少，應該當美酒、好茶般品嘗，而非牛飲。
- 並非所有的醋都能直接飲用，飲用原醋要注意，以免傷害喉嚨及消化道。
- 可添加優質蜂蜜，用冷開水稀釋飲用，口感濃淡可自己調配。
- 甜酒醋原醋飲用，一天最多 3 次，一次不超過 10 cc。

覺性飲食首部曲

我的禪學老師也是國際知名禪學大師洪啟嵩老師，2013 年中秋節在山西大同雲岡石窟舉辦了一場「月下雲岡三千年」的國際晚宴盛會，當晚與會貴賓有遠自不丹來的前總理肯贊閣下仉儸，有雲岡研究院的院長仉儸及大同市當地重要的官員與國內及大陸內地的知名企業家菁英，與會人士將近二百人，我負責擔任當晚的晚宴餐點設計師，以「雲食花宴」為名，設計了一道道以花為主題的「覺性飲食」，

並於晚宴現場傳授與會貴賓覺性飲食的食用方法，並且為他們做「味覺校正」。

覺性飲食的首要步驟是「味覺校正」，雖然 2012 年已經在台北發表過幾場，但是在雲岡石窟這次算是最

在月下雲岡三千年盛會中，傳授覺性飲食的方法。

不丹前總理肯贊閣下伉儷受邀蒞臨月下雲岡三千年盛會。

盛大的，而且是屬於國際性的發表，這也是我第一次在國際性場合公開發表覺性飲食的餐點與理念。

在雲食花宴中，我將具有開胃與暖胃效果的甜酒醋當成主角，設計成暖胃的開胃飲品，這個迎賓茶醋命名為「財寶甘露飲」，它能促進唾液分泌，又能讓胃升起暖熱感，是以八年的陳年甜酒醋與八年的陳年甜酒露加上財寶真言茶，經過特別釀製後才調配完成的。

每個人都需要味覺校正

現在市面上充斥著欺騙我們味覺的食物，為了讓食品賣相好、保存性久，常過度使用添加劑來滿足消費者的視覺及嗅覺，所以很多的市售食品放了色素來調色，以合成香精提味，並添加調整性的物質加強口感……

大家吃久了這些使用人工添加劑的食品，味蕾早就分辨不出嘴裡到底吃的是什麼？傳達給頭腦的也是錯誤的訊息，太多的錯誤訊息，會讓消化系統無法做出正確判斷，無法分泌出正確的消化酵素。

雖然大環境如此，很慶幸還是有一群人，您我不一定認識，他們非常認真地栽種與養殖各類好食材；也有一群人非常用心的將好食材設計成食譜並烹調成美食。不過，想要吃健康的飲食，買到好食材，或許價格較高，取得並不困難，可是我們的身體真的能夠吸收進去，得到這些好食物的充分滋潤嗎？

用餐認真，善待胃腸

現代人什麼都講求快速，變得很沒耐心，總覺得時間不夠用，所以常常一心要好幾用，吃飯的時候往往看的不是碗中飯菜，而是盯著電視、電腦、手機螢幕，很少人能仔細品嘗一餐飯的美味。

此時大腦並沒有藉由視覺接收到食物的訊息，加上吃東西總是隨便咬一咬就吞下去了，食物沒有藉由牙齒的咀嚼研磨化成細小的顆粒，便無法充分的跟唾液做混合，這些被囫圇吞到胃中的食物，沒有經過唾液潤滑，沒有經過充分咀嚼分解，此時的胃好辛苦啊！

因此，現代人的胃必須額外分泌過多的胃酸來處理這些棘手的食物，但是過多的胃酸也讓身體受不了，造成胃食道逆流、消化性潰瘍、胃脹氣、胃積食、胃痛，這些問題常常困擾著許多人，但是卻很少人會因此改變吃飯習慣，反而是吃更多的胃藥與制酸劑來壓制面臨累垮的胃，胃藥的暢銷代表現代人消化系統真的很辛苦，我們的胃真的非常需要我們自己好好的疼惜與愛護。

畢竟民以食為天，腸胃是後天之本，胃如果不受納，雖然吃得健康，一樣會造成身體負擔，如此就真的可惜了這些好食物。

如何讓我們的消化系統甦醒，讓我們獲得食物的滋潤，就要從覺性飲食的「味覺校正」開始，透過「味覺校正」來喚醒被人工加味所遮蔽的味覺，讓我們能充分感受到食物的美味與營養。

活動前，調製味覺校正用的百花茶，祈望飲用者身心靈都能受到洗滌。

使用自然而當令的食材

這次「月下雲岡三千年」的雲食花宴，所用的食材幾乎都是取自山西大同當地且當令的食材。

因為山西的醋遠近馳名，是有名的醋鄉，原本想要使用當地的醋來入菜，在找尋好醋的過程中意外發現，這些經過釀造、本來就可以陳年存放的陳年醋，竟然需要放添加劑來保鮮，想要沒有添加劑的醋還需要另外特別訂製。

這種情形當然不只是存在當地，應該說現今有很多地方的醋，已經淪為需要靠食品添加劑來維持品質，使產品在有效期間內不變質，而這對陳年醋來說真的讓人覺得本末倒置。因此讓我想到，不只是釀造，連醃漬食品也是一樣，這是在飲食文化史中擁有超過千年的釀造與醃漬技術啊！難道是千年傳承的技術退步了嗎？

古時候農村時代為了要讓食物容易保存，人們會將蔬菜、水果、肉品等食物醃漬起來，例如鹹菜、蜜餞、臘肉等，但是讓人不明白的是，隨著科技的進步，我們的這些醃漬食品，現在都必須使用化學添加劑來做保存?!或許有人會說因為怕影響健康，因此需要用其他方式來保存。我常在想，這些化學添加劑跟鹽比起來，到底哪個比較不健康？如果能用到像鑽石鹽這樣的天然好鹽，鈉的含量不高，富含礦物質，還能造就出食物多層次的風味口感，這樣問題不就解決了嗎？

雖然知道這是理想面，因為現實面是好鹽成本高，當老闆的心態都想降低成本、增加獲利空間、賺更多的錢，但如果只顧自己的利益，枉顧消費者權益，往往會導致黑心商品層出不窮。

我相信每個人努力工作賺錢，不外乎是給心愛的家人過好日子，總希望把最好的留給心中最愛的人。如果今天這些鹹菜、蜜餞、臘肉是要做給心愛的人吃，這些添加劑怎麼會加得下手呢？所以應該要秉持著「愛家人的心」，將科技運用在開發更健康的食物，或者用更好的方法保存食物美味。只因地球只有一個，您我本是一家人。

know-how

甜酒糟變身鹽麴

投入研發酒釀的副產品，是希望使新鮮酒釀、過期的老酒釀與多變的酒釀，都能充分利用，做到沒有酒釀會因此被丟棄，讓粒粒皆是農夫辛苦栽種出來的米能完全利用，也讓我不會有浪費糧食折損福報的憂慮，還能教導孩子更懂得珍惜糧食與感謝酒釀的諸多優點。

所以榨取完甜酒露後的酒釀糟粕，千萬別丟了，因為裡面含有豐富的營養成分可以拿來運用。壓榨得較乾的酒糟可以當成酒粕來使用；用濾出酒露的方式所剩下的酒糟較濕潤，可以再加入少量的水釀成味醂，或是加入辛香料與調味料，例如茴香、肉桂、丁香、陳皮、花椒、鹽等，繼續醇釀三個月就可以成為香糟。香糟自古在江南就是很重要的調味料。

說到香糟，就讓我想到日本的鹽麴，這幾年也流行到台灣。鹽麴的口感甘鹹，可以取代鹽，使用鹽麴來調味或醃漬食物，能增加食物的風味，因為鹽麴中含有不少營養成分，是屬於健康的調味料。日本鹽麴的氣味口感

日本近年來流行鹽麴，可調味亦可醃漬食品。

在酒釀中放入品質優良的天然鹽，使其慢慢發酵，就能釀出好吃的酒釀鹽麴，是料理時非常好用的調味料。

嘗起來與日本甘酒很像，我想應該是菌種相同或類似吧！對我來說鹽麴有一股麴菌特有的氣味，含在口中會讓我有種好像直接吃酒麴的錯覺。

　　日本鹽麴跟酒釀一樣，都是藉由米麴來發酵，只是菌種不同，所以要做好吃的鹽麴不必捨近求遠，用酒釀當成基底，加入適量鑽石鹽醇釀即可，香氣口感也更好。如果不喜歡太甜的感覺，也可以使用榨乾的酒糟，加入鑽石鹽以後，再加些冷開水一起釀，這樣酒香味也會濃一點。

　　<u>自製酒釀鹽麴成本比購買日本鹽麴低，而且操作容易，成功率高，很適合在家自己 DIY。</u>

　　希望有一天源自於台灣的「酒釀鹽麴」也能紅到日本去，讓日本的主婦們驚豔一下酒釀鹽麴的魅力，但是首要條件就是要靠大家來支持屬於台灣味的「酒釀鹽麴」。

酒釀鹽麴的特色

* 多了酒釀的清香，與日本鹽麴的米麴味不同，比較適合國人的口感。

* 口感層次較豐富，甜與鹹之間就可變化出甘甜、甘鹹、鹹甜。甘跟甜的感覺不同，甘在口腔中會有後韻的感覺，甜在口腔中是綻放的感覺，酒釀鹽麴可以說是鹹得沉穩，不會死鹹。

* 酒釀鹽麴中的甜味用於醃漬時可取代糖，而且此甜分讓口感更清甜，與加糖的感覺完全不同。

* 使用鑽石鹽所釀出的酒釀鹽麴，甘鹹而不死鹹，是因為鑽石鹽本身的鹹味就屬於甘鹹味，可以輕易釀出口感甘鹹的感覺。鑽石鹽含有五十幾種天然微量礦物質，所以在分量一樣的鹽中，鑽石鹽的鈉含量相對比一般的鹽少很多，可以讓酒釀鹽麴能吃到甘鹹味，又不會像一般醃

漬品含高鈉，對身體產生負擔，而且除了酒釀中的營養成分外，還能補充到鑽石鹽中的微量礦物質。

- 酒釀鹽麴耐久放，越陳味道越圓融，但是久放顏色會轉深。

鹽麴小常識

「鹽麴」是以米麴為原料，所使用米麴是將耐鹽性強的菌種接種在米粒上培育出的麴種，再將培育好的米麴加鹽加水去發酵，因米麴上的菌種本身耐鹽，所以會緩慢發酵，而鹽又可適度抑制其他雜菌的生長，確保發酵出風味良好的鹽麴。

製作鹽麴用的米麴，因各家菌種配方不同，風味及益菌數量也有差異。把麴菌接種繁殖於蒸熟的米飯上做為「麴種」，可稱為「米麴」或「散麴（粒麴）」，例如紅麴米、清酒用的米麴、鹽麴用的米麴，其中的差異性只在於微生物種類不同，所以後段釀造出來的產品也就不同了。

鑽石鹽

醃漬最好使用天然好鹽，例如美國鹽湖城的鑽石鹽。好鹽中的鈉含量其實並不高，反而還有其他天然礦物質，很多是人體必需的微量元素。

2011 年在 REALSALT 鑽石鹽亞太地區總裁蔡嘉泰先生的邀請下，實際走訪位於美國鹽湖城的鹽礦開採場，這裡的礦鹽年齡可追溯至一億五千萬年前的侏儸紀時期，經過這麼長時間的淬鍊，讓礦鹽本身透亮如水晶般，堅硬的礦鹽在開採時必須用鑽石刀頭才能順利將鹽刨下，也因為這些鹽礦夠堅固，讓距離地表 200 英呎深、100 英呎高的礦區，不需要任何支架就能支撐。

這些鑽石鹽質地純淨，沒有任何的泥土與砂石，也因為封存在地底，且年代久遠，讓這些純鹽避開了近代的汙染源。看過整個純淨的採礦過程後，每當自己在使用鑽石鹽時，就會覺得很放心，而且也會很安心的推薦給朋友。

由於鑽石鹽未經染色，無添加物，也未經過漂白和烘乾過程，所以鑽石鹽放久後有一個最善良的「缺點」，因堅持不添加抗結劑，會有結塊現象。其實結塊只不過是偶爾不方便，並不會危害到身體健康，我們應該要給有良心的廠商更多行動支持，感謝他們在健康與方便性間作抉擇時，選擇的是優先考慮所有人的健康。

Chapter 10

酒粕美人秘笈，
酒釀的美容妙用

化腐朽為神奇，酒粕大翻身

2011 年起我以業界專業講師身分受聘到萬能科技大學生物技術系，為學員講授「甜酒釀的原理與製作」，同時也至化妝品系講授「甜酒釀應用於美容保養品」，除了詳細介紹酒釀製程及產品特性外，還包括產品設計的

思考方向、配方設計的注意事項、清酒粕跟甜酒粕優缺點比較等，希望藉由教學讓這些即將投入化妝品產業的學子在研發時有不同的思考方向。

台灣早期的酒粕是當作廢料低價賣給飼料商，雖然賣價低，但卻能替酒廠解決大量酒粕廢棄物問題，還能為酒廠帶來資源回收的收入，因此長久以來一直都是這樣處理。

2005 年台灣吹起一股酒粕風潮，讓廢料酒粕改頭換面，被當成保養品來賣，身價瞬間翻漲不只百倍，還造成全台瘋狂搶購的熱潮，賣到缺貨，讓酒廠的業績直線上升。

使用酒粕美容護膚的人都想要得到如同 SK-II 的廣告訴求：晶瑩剔透，也因為酒粕平價，大家就一股腦兒跟著流行走，不顧自己的膚質是否適合，所以那段時間有人變漂亮了，但也曾耳聞有人因酒粕使用不當而造成

酒釀的營養成分豐富，可以外用於美容護膚。無論是直接使用酒釀、濾出酒露，或將酒粕再利用，都可以 DIY 清潔保養品，內吃外敷，美麗加倍。

上課時學生親自試用以酒露製作的面膜，使年輕一代對於酒釀有更進一步的認識。

大花臉。當時我常利用教學時分析酒粕的成分，並指導學生們正確使用酒粕的方法，希望讓大家知道酒粕雖然是窮人的 SK-II，但是並不等於專利成分 Pitera®。

清酒粕是窮人的 SK-II

　　酒粕面膜在當年靠著「窮人的 SK-II」這句坊間流傳的口號風靡全台。酒粕早期在台灣因為大家不認識它，所以沒價值，但是在日本，清酒粕一直是被當成「白金」來對待，酒廠將釀製清酒後的糟粕殘渣（也就是酒粕），分裝成小包裝在超市出售，讓一般家庭拿來用於料理或飲品中；市面上也販售泡澡及敷臉專用的產品，方便消費者可以直接買來使用；喜歡

DIY 的人就會拿食用的酒粕自己做成沐浴、泡澡、敷臉用品，送禮自用兩相宜。

　　1980 年日本化妝品界推出了號稱神仙水的 SK-II 青春露，最早期的青春露是建議要冷藏的，而且還帶有淡淡的酵母氣味，這是因內含青春露的靈魂 Pitera®。當初研發的靈感是來自清酒的釀酒人，發現他們雙手的膚質細緻，與實際年齡不符，於是深入研究後，將清酒釀造時酵母菌所產生的天然產物，經過萃取獲得專利成分，命名為 Pitera®，並加入保養品配方中，熱賣三十五年從未退燒。

　　風靡一時的清酒粕，雖然含有很好的營養成分，但是清酒粕中酒精含量有 5 ～ 6% 左右，如果只是稍微稀釋，

直接當成面膜塗在臉上，這些酒精成分容易讓人產生過敏與紅腫；將清酒粕用來泡澡，酒粕中的酒精成分經水大量稀釋在浴缸裡，反而可以當成促進血液循環的元素。

近年來雖然酒粕熱潮已退燒，很高興還有一群人不斷在創新研發更好的酒粕配方，以提升台灣酒粕美容的產業，或許在未來將會成為另一個台灣奇蹟。

酒釀是居家的 SK-II

在酒粕還沒有瘋狂流行以前，父親就體驗過酒釀外用可使皮膚細緻的功效了。每年快過年前，父親會將酒釀中的酒露濾出裝瓶，而在酒釀濾汁的過程，手難免會被酒露沾染，甜甜的酒露沾在手上感覺很黏，本來想要去洗手，但是此時又不方便一直去洗手，父親就忍著等事情做完，後來竟發現手的膚質變細緻了。

父親當時並沒特別在意，直到酒粕開始流行，我解說酒粕原理給父親聽，父親才說：「難怪當時我的手會變得細緻。」

由於酒釀的酒精含量很微量，尤其是才剛發酵好的新鮮酒釀幾乎沒有酒精成分，比清酒粕安全多了，因此後來就在一些課程中，跟學員們分享酒釀外用的美容方法。

有益人體健康的酒釀，除了擁有傳統美食的養生保健魅力外，若有專業的研發團隊開發美膚保養品，就可發揮酒釀內外雙修的完美養生美學。如果想要自己 DIY，則必須在安全的前提下，以正確的觀念與使用方法去進行，這才是酒粕美人秘笈的真正心法。

酒釀與清酒、清酒粕酒精含量比較表

種類	酒精濃度
新鮮酒釀	低於 0.5%以下
老酒釀	低於 2%（各家酒釀不同會有出入）
清酒粕	約 5～6%
清酒	約 13～20%

酒釀外用對皮膚的好處

酒釀含有多種護膚因子,想要變美麗,除了用吃的外,還可以運用在保養品上。

外用時可使肌膚光滑細緻,兼具緊緻及嫩白肌膚作用,還能促進肌膚新陳代謝,去除老舊角質,具保濕滋潤及抗氧化作用,恢復年輕、明亮肌膚,可養顏美容有助凍齡。

將酒粕以研磨機磨成泥,可以當甜點食用,也可以用來去角質與敷臉,是天然好用的保養品。

能內服可外用的酒粕泥

我用酒釀試做敷臉用品時，因為沒有添加其他的化妝品原料，所以都還是可以食用的酒粕，就放心地直接冰在家中的冷凍庫中。酒粕用研磨機磨得很綿密，冷凍後質感很像冰淇淋，女兒已經覬覦這罐「酒粕冰淇淋」很久了，當她發現再不下手就快要被我用完時，有一天她終於忍不住，趁我不在家時，當成冰淇淋吃掉了。

因為酒粕冰淇淋的口感綿密，真的很好吃，所以每次教學時都會特別告誡學生，不要隨便添加不可食用的原料到酒粕中，一方面是怕被不知情的家人吃下肚，另一方面隨便添加化妝品原料是很冒險的一件事，並不是把成分很好的原料加在一起，就會變成超級無敵配方，化妝品的專業研發技術不是那麼簡單的。

凍齡阿嬤的秘密武器

一位女性友人在知道我傳承家傳酒釀後，跟我分享了一個凍齡阿嬤的故事，這位阿嬤是她客戶的母親，可是外表看不出她已經當阿嬤，不僅皮膚白皙柔嫩，沒有一點皺紋，更沒有斑點。

出於好奇，她詢問阿嬤平時都怎麼保養？阿嬤只說沒有用市售產品洗臉，臉上什麼都沒有擦，其他就含糊帶過，半點訊息也不透露。

相處久了，有一天阿嬤終於將她的秘密武器告訴了我這位朋友，原來阿嬤從十幾歲開始就用酒釀洗臉，或許因此使她皮膚一直保養得很好。

酒粕去角質溫和又環保

很多人喜歡使用具有磨砂微粒的去角質產品，但塑膠磨砂微粒質地非常的細小，又無法在環境中被自然分解，汙水處理廠也無法將其濾出，長久會造成環境永久汙染。

為了避免塑膠磨砂微粒隨著汙水流向海洋及湖泊，被魚蝦貝類食用，再經由食物鏈返回人類身上，對人類健康構成威脅，目前加拿大已全面禁止添加在產品中，而美國的紐約州、伊利諾州也宣布全面禁止州內化粧品廠在產品中添加磨砂微粒。

使用這些磨砂微粒會汙染環境，同時力道不對也容易傷到皮膚。**其實將酒粕稍微磨碎，就可以當成去角質的磨砂顆粒來使用，以柔軟的飯粒洗臉按摩也不會傷到皮膚。**此外酒粕中的酵素本身就有輕微去角質功能，效果很不錯，因此酒粕是溫和且環保的去角質產品，不妨可以嘗試使用看看。

DIY

酒釀護膚法

我們自己在家裡也可以用酒釀來護膚，例如以酒粕敷臉、洗臉、去角質、泡澡，或用酒露做面膜。

自己在家裡將酒釀以篩子壓榨，就能過濾出酒露與酒粕。

酒粕面膜霜

{材料} 剛發酵好、無酒味與無餿水味，品質優良的酒釀

{做法} 過濾酒釀，讓酒露與酒粕分離，**將酒粕以研磨機研磨至綿密、無顆粒狀**，裝入耐冷凍的容器中，放入冷凍庫保存。一定要冷凍保存，以免繼續發酵，氣體膨脹，造成滲漏汙染冰箱。

{應用方法} 使用前取出該次的用量，先放至冷藏區退冰，待回溫到皮膚感到舒適溫度時，即可當作面膜使用。使用時避開眼睛周圍，塗抹在臉上，約 10 ～ 15 分鐘後用清水洗淨，之後照平時保養程序保養。也可當成素顏時的洗臉用品。

{貼心提醒} 先少量在手肘上試敷，沒問題後再試敷少量在臉上，確定個人膚質不會過敏再使用。

酒粕去角質霜

{材料} 剛發酵好、無酒味與無餿水味，品質優良的酒釀

{做法} 過濾酒釀，讓酒露與酒粕分離，**將酒粕以果汁機稍微絞碎，使酒粕呈現顆粒狀**，再裝入耐冷凍的容器中，放入冷凍庫保存。一定要冷凍保存，以免繼續發酵，氣體膨脹，造成滲漏汙染冰箱。

{應用方法} 使用前先取出該次的用量放至冷藏區退冰，待回溫到皮膚感到舒適溫度時即可使用。一週或一個月使用一次顆粒粗的去角質霜，使用時避開眼睛，塗布於臉上輕柔按摩再以清水沖洗，去角質後照平時保養程序保養。

{貼心提醒} 先少量在手肘上試敷，沒問題後再試敷少量在臉上，確定個人膚質不會過敏再使用。

酒露面膜

{材料} 剛發酵好、無酒味與無餿水味，品質優良的酒釀；面膜紙、密封夾鏈袋

{做法} 將酒釀壓榨過濾，讓酒露與酒粕分離，收集過濾後的酒露備用。然後將面膜紙放入夾鏈袋中，裝入 15 ～ 20 cc 酒露後封口，直接放到冷凍

將酒露裝入夾鏈袋中，可一次多做幾個放入冷凍庫保存，也可以現做現用。

將酒粕以果汁機絞碎，是便宜又好用的去角質霜，除了臉上，身體也可以使用。

庫保存。一定要冷凍保存，以免繼續發酵，氣體膨脹，造成滲漏汙染冰箱。

{應用方法}使用前先取出一包面膜，放至冷藏區退冰，回溫到皮膚舒適的溫度即可使用。直接將面膜紙敷在臉上，15分鐘後以清水沖洗，敷完臉後照平時保養程序保養。

{貼心提醒}先少量在手肘上試敷，沒問題後再試敷少量在臉上，確定個人膚質不會過敏再使用。**使用頻率視個人膚質而定，新鮮無酒味的甜酒露可天天使用**，如果沒有使用面膜紙而直接塗抹，請避開眼睛周圍。夏天可冰涼敷，冬天可將夾鏈袋放入熱水中浸泡後熱敷。

酒釀泡澡

　　有人問是否可以用酒釀泡澡？我覺得使用酒釀來泡澡真的太浪費了，但是如果有過期老酒釀，不想食用，丟棄又可惜，倒是可以拿來泡澡。但要注意確認酒釀沒有發霉、沒有異味，就可適量加入浴缸中泡澡了。

酒釀香皂

製作香皂的方法有好幾種，最常見是使用氫氧化鈉皂化油脂的冷製法，以及使用皂基直接融化再製作的熱融法。使用皂基的熱融法，更適合初學者與一般家庭，因此，在此分享以皂基為原料的酒釀香皂做法。

模具可以使用矽膠製的冰塊盒，形狀可愛，材質也柔軟好脫模。

酒露手工精油皂

{材料}透明皂基 100 公克、酒露 5cc、精油 10 滴（工具為不鏽鋼杯、攪拌棒與模具）

{做法}將皂基切小塊放在不銹鋼杯內，以小火隔水加熱溶解，加入酒露攪拌均勻(也可加入少許酒粕)，再滴入精油，攪拌後倒入模具，冷卻、脫模即可使用。如不立刻使用，可以用香皂專用的塑膠膜包起來保存。

酒粕手工精油皂

{材料}不透明皂基 100 公克、紅麴酒粕 5 公克、精油 10 滴（工具為不鏽鋼杯、攪拌棒與模具）

{做法}將皂基切小塊放在不銹鋼杯內，以小火隔水加熱溶解，加入紅麴酒粕攪拌均勻，再滴入精油，攪拌後倒入模具，冷卻、脫模即可使用。如不立刻使用，可以用香皂專用的塑膠膜包起來保存。

酒露或酒粕都屬生鮮食品，入皂時如果過量反而會影響香皂品質，容易造成香皂變質或發霉，所以切記量不可貪多。

Chapter 11

百變甜酒釀

know-how

酒釀的食用補帖

大家都習慣酒釀要熱熱的吃，所以以往在炎熱的夏天裡，很少人會吃酒釀。因此，暑假對我們來說是酒釀的生產淡季。在這段時間裡，爸媽終於可以休息喘口氣，我們也就趁此時培育酒麴。但只要中秋節一過，天氣慢慢轉涼，買酒釀的客人就開始回籠，等到了立冬大家開始進補時，手腳冰冷、怕冷、容易感冒的人，才又想到酒釀的好，想要訂購酒釀。

接下來這段時間，也就是從冬至到元宵，就成為酒釀的旺季，此時會發現酒釀需求量與天氣溫度成反比，氣溫越低，賣得越好，因為天氣越冷，大家就越想要來碗熱騰騰的酒釀驅寒。

酒釀養生，四季不間斷

這二十多年來，我就這樣常常看到很多人在冬天很認真吃酒釀，為期三個月的冬季都在暖呼呼當中度過，眼見好不容易度過三個月的生理調整期，身體狀況明顯改善，春天來了，氣候暖了，就放棄了熱騰騰的酒釀。開冷氣的開冷氣、吃冰的吃冰，大家都想盡辦法開始為身體降溫，此時的酒釀早已被人遺忘，很少人會想到它，直到秋天一過，天氣轉涼了，身體又回到冰棒美人的原點，這才又想起暖呼呼的酒釀，身體再從頭調整。

如此周而復始，身體來不及修補損傷，衰老速度越來越快，令我常覺得

冬至是大家團圓的歡喜日子，大家一起吃碗熱熱的酒釀湯圓，感謝一年的圓滿，祈求未來的順利。

夏天也可以吃酒釀，香甜嫩白的酒釀可以加果乾、加白木耳、加各種水果，冰冰涼涼的吃，是炎夏陶醉的滋味。

這些人前功盡棄好可惜，也因此興起想要推廣「四季吃酒釀」的想法，並設計了「百變甜酒釀」，讓大家無論在哪個季節裡都能享用酒釀，持續養生功效。

端午過後天氣燥熱，多食用酒釀調製的夏天冷飲，不但清涼消暑，讓人不會倦怠，當冬季來臨時也不會手腳冰冷，更不容易感冒，這就是中國傳統保健中「冬病夏醫」的概念。

顛覆傳統，創新夏日吃酒釀

夏天如果無法克制自己及孩子吃冰冷的食物，為什麼不將這些冷飲點心改成用酒釀調製的健康點心呢？

「夏天吃酒釀」顛覆傳統認知的概念，但我覺得自己很榮幸走在最前面去做推廣，也很高興自己沒有中途打退堂鼓，曾經為推行「夏天吃酒釀」盡過一份心力，讓我為自己感到十分驕傲。

在 2004 年我就發現市面上幾乎沒有用酒釀做成冷飲的食譜，頂多就是不煮直接吃，或是將酒釀蛋放涼再吃。

於是我開始設計酒釀的新吃法。記得當時設計的一些吃法，剛開始眷村長輩們都嗤之以鼻，但等他們試吃後卻好評不斷，連從來都不敢吃酒釀的朋友也愛上了這種吃法。慢慢的，有人知道夏天是可以吃酒釀的；慢慢的，有人接受夏天是應該吃酒釀的；慢慢的，這種吃法從認同變成迴響。

不一定有人知道我做過的努力，但只要事實證明這個想法是對的，這個推廣行動是正確的，對我而言就是最好、也是最大的回饋。

千萬別因好吃而貪吃

雖然酒釀真的很神奇，內心也很想增加酒釀的銷路，但是我在教學過程

酒釀吃法很簡單，而且好的酒釀可以直接食用，只要將酒釀拌入水果中，就是一道可口的甜點。但可別因為好吃而吃太多，適量攝取才是最佳養生之道。

中一定會告訴學生：「均衡的飲食才是正確的養生概念。」

正確的養生觀念絕對不是突然大量食用某種食物，每當有人問我：「酒釀用量是多少？」我都會告訴他們，一天只要以喝湯的湯匙為標準，一湯匙原味酒釀的量就夠了，但是一定要每天食用不間斷。這樣很快就會看到自己的身體有所回應，這是食用酒釀最好的收穫。

酒釀的營養成分豐富，而且容易吸收，熱量又不高，但還是建議如果單純只吃酒釀，一般人每天固定一湯匙的少量食用，如果想多吃幾次，一天最多也不要超過三次，食用時間要平均分配，不要太密集。每次食用量最多一次不超過 100 公克。

已經搭配其他材料調配好的酒釀點心，一次吃一碗就好，不要因為好吃就貪吃，這樣能避免一次吃太多影響血糖，或是離正餐時間太近而影響到用餐胃口。

兼顧好吃與營養不流失的秘訣

為了兼顧健康與美味，酒釀應該避免久煮，這樣更能完整的保留酒釀的

活性成分，也讓酒釀吃起來口感更加軟嫩好吃。

酒釀中含有豐富的活性益菌、酵素、礦物質、維生素 E 和 B 群等營養素，經過高溫烹調會破壞酒釀中較不耐熱的部分，而且酒釀久煮後口感容易帶酸味，米粒吃起來的口感也不太好，會有澀澀泡泡的空殼感。

建議幾個加入酒釀的最佳時機點，每個人可以依照自己喜愛的口感來選擇：

1. 加入酒釀後便立刻熄火。
2. 熄火後再加入酒釀。
3. 吃的時候才拌入酒釀。

掌握酒釀與水的比例

我很喜歡用湯匙攪拌加水煮好的酒釀，浮在水面上白白胖胖的米粒，隨著攪動的速度，時而快時而慢，在水中不停旋轉著，如同跳著華爾滋一般的美妙。食物講究色香味，而這種動態之美，更刺激五感。

而酒釀與水的比例怎樣最完美呢？通常並沒有特別的規定，而是依照自己的喜好，當水量放得較多時，酒釀本身的甜味會被稀釋，甜度不夠口感會帶酸，傳統吃法上會習慣加點糖來調味。如果想要酌量加點糖，可以選擇比較健康的糖，如紅糖、黑糖、冰糖、蜂蜜（建議冷食加入）、果寡糖、楓糖等。

如果不想放糖又要口感好，那就要增加酒釀的量，或是減少水的量，也可以用桂圓肉來煮湯底增加甜味。

我平時使用的比例是酒釀 1 份，水不超過 3 份，大家不妨試試看。希望大家都可以依個人吃酒釀時喜歡的濃稠度、香氣強度、口感甜度，來找出屬於自己的黃金比例。

酒釀不可久煮，最好在起鍋前，甚至裝起後再放，這樣口感才好，而且才能保持其中益菌的活性成分。

「蛋」一向是酒釀的好搭檔。不論是蛋花或煮成糖心蛋包，都是傳統經典的吃法，食用對象不分性別，適合各種體質與年齡層。

有些人討厭吃酒釀蛋，大多是初嘗時覺得蛋腥味很可怕，造成對酒釀的誤解，於是不肯再次嘗試。其實關鍵在於雞蛋品質，只要慎選新鮮、品質佳的放養土雞蛋，煮出來的酒釀蛋就不會有蛋腥味，還有雞蛋應有的蛋香味，非常好吃；而用品質好的蛋煮酒釀蛋花，在夏天也可以放涼當點心，別有一番風味。

我們家的酒釀公主在二十一歲那年，獨自展開屬於自己的返鄉探親之旅，回到家鄉後的她，發現迎賓酒釀蛋已經被包裝精緻的各式零食取代，所幸鎮上還能見到寫著「蛋酒」與「清酒」的早餐店。現在當地人習慣拿酒釀當早餐吃，而蛋酒和清酒差別在酒釀加蛋與不加蛋。早期在家鄉農村酒釀蛋被稱為「酒糟雞蛋」，如今又多了「蛋酒」這個新名稱。

雖然習慣隨著時代不斷改變，但親情與我對酒釀的喜愛永遠不會改變。

傳統經典・酒釀蛋 （1人份）

｛材料｝

雞蛋1顆、酒釀1大匙、水半碗、碎冰糖適量

｛做法｝

1 雞蛋先在碗裡打散備用。

2 將半碗水倒入鍋中煮沸。

3 緩緩淋下蛋汁，如煮蛋花湯一般，等蛋花凝固即熄火。

4 加入酒釀攪拌均勻便可食用。如果試味道覺得不夠甜，可加糖調味後再起鍋。

好吃的秘訣

- 為了讓蛋和酒釀吃起來口感軟嫩，淋入蛋汁就要立即熄火，以餘溫使蛋汁凝固，約2～3分鐘後再加入酒釀。

- 水和酒釀的比例可依個人對於甜度的喜愛調整，但是當水量太多時會稀釋酒釀的甜度，造成口感不佳，甚至會出現酸味，此時可酌量放些糖來調整口味。如果是特別需要調理的對象，建議添加寡糖類，既健康又不減損風味。

- 添加桂花醬或玫瑰花醬會有不同的風味；加入少許的枸杞、紅棗，顏色漂亮又養生。

貼心提醒

適合對象

○ 一般人補充體力、青春發育期調理、坐月子調養、哺乳期營養補給、更年期調理、體質虛弱調養、改善體質。

✕ 患有糖尿病或有飲食限制的患者，食用前請諮詢營養師或醫師。

食用建議

- 調理身體以熱食為宜。

- 傳統酒釀蛋不論是打散煮蛋湯、水煮荷包蛋（蛋包）、沸水沖蛋汁，都怕把蛋給煮老了，但是近年來禽流感肆掠，蛋品最好還是確定煮熟再食用。

長久以來，我們習慣在冬至與元宵吃上一碗湯圓，不但代表一家人的團聚，在冬至時更表示又長了一歲。

小時候天天盼望著快點長大，曾經希望多吃幾顆湯圓就能多長幾歲，長大後則吃了湯圓就發愁又要多一歲了，在冬至如果不吃湯圓就能留住歲月，肯定所有成年人都不吃了。

冬至與元宵也是酒釀的大日子，不論是有餡、沒餡的：大湯圓、小湯圓，搭配酒釀後香氣十足，非常好吃。但是湯圓不容易消化，可不能一次吃太多，而且包餡的湯圓熱量很高，吃多了容易胖。

湯圓與酒釀的主要原料雖然都是糯米，但湯圓依舊擁有糯米軟黏不易消化的特性，食用後須經過消化系統來做分解與吸收，吃過量容易造成消化系統的負擔。但是酒釀中的糯米經過麴菌的發酵，就如同先行消化過（一般，此時酒釀中米粒的結構，已經與糯米飯不同了，酒釀中的成分變成人體能夠直接吸收的養分，所以糯米做的酒釀，不但不好消化，相反的更易於吸收，還能幫助消化呢！

冬至必備・桂花酒釀湯圓　（1人份）

{材料}

包餡湯圓 2～3 顆、傳統酒釀 1 大匙、水半碗（湯底用）、
桂花醬少許、冰糖少許

{做法}

1　水燒滾，加入湯圓，見湯圓浮起，即盛出備用。

2　鍋中放入湯底用水，水滾後關小火，加入冰糖攪拌至溶解。

3　接著加入桂花醬拌勻，熄火，拌入酒釀後倒入碗中。

4　再將煮好的湯圓放進去，即可食用。

好吃的秘訣

- 湯底除了添加桂花醬提味外，也可以改用玫瑰花醬提味，或者用一兩片桂圓肉來煮湯底，這樣就不用放冰糖，也是不同風味。

- 想要更豐富些，可以加入蛋花，再加上少許枸杞或紅棗，如此顏色漂亮又養生。

貼心提醒

適合對象

○ 一般人均可食用。

✕ 湯圓不易消化，患有消化性潰瘍、糖尿病，與消化力弱、容易積食脹氣者，建議不要食用。

食用建議

也可使用紅麴酒釀，讓桂花酒釀湯圓色澤更漂亮外，還能幫助身體減輕吃湯圓的負擔。

年紀太小的幼童及老人家消化力差，咀嚼力不夠，如果想要吃，請少量食用，且要注意細嚼慢嚥，小心不要噎著了。

如果要更簡單，可以不用湯底，將煮好的湯圓舀在碗中，直接加入甜酒釀拌勻也很好吃。

湯圓也可用寧波年糕來替代。

不論是紅糖或黑糖都是指未經精煉的蔗糖，所以不管是使用紅糖或是黑糖都是很好的選擇，因為它們保留了較多的礦物質等營養成分，只要購買時找信譽好的商家，並且注意包裝上的成分說明，不要用到染色的黑心糖就好。

紅糖薑湯可以健胃、養血散寒、溫經止痛、活血化瘀、加速經血排淨，很適合虛寒體質的人食用。建議紅糖或黑糖與薑的比例為2比1，且薑片不宜熬煮過久，以避免使能促進血液循環的薑醇揮發掉。

烹煮時可以將紅糖跟老薑煮開後再燜一下，或是放入保溫杯、燜燒罐中燜半個小時，再來製作紅糖薑湯酒釀。

暖身暖心 • 紅糖薑湯酒釀　（1人份）

{材料}

紅糖 1/2 大匙、老薑適量、酒釀 1 湯匙、水半碗

{做法}

1 薑切 2～3 片備用。

2 鍋中加入半碗水，放入薑片，以小火煮滾。水滾後，加入紅糖攪拌均勻。

3 蓋上鍋蓋，再以小火煮 3 分鐘，熄火燜一下。起鍋前拌入酒釀，即可食用。

好吃的秘訣

- 紅糖薑湯酒釀中還可加入蛋包或蛋花，也是兼顧營養與口感的吃法。

- 使用紅糖或黑糖均可，但是這兩種糖風味不同，吃起來口感有些差異性，請選擇自己喜歡的口味來製作。

- 薑湯不需要過度熬煮，薑的用量也不用多，避免因為薑味辣口讓年輕人不敢吃；如果直接使用薑汁，只要用熱開水融化紅糖後，加入薑汁與酒釀即可食用。

貼心提醒

適合對象

○ 適合手足冰冷、虛寒體質、脾胃虛寒、元氣不足者調養體質；若有風寒型感冒、經期不順、生理期疼痛等現象可以食用。此外，適合於女人的各個階段調養身體，如青春發育期、坐月子、哺乳期、更年期調理。

✗ 如為燥熱及痰濕體質，或患有風熱型感冒（即口乾舌燥、喉嚨疼痛、聲音沙啞、流黃鼻涕、咳黃痰等症狀）時不要食用；若生理期容易口乾、嘴破、冒痘痘，患有消化性潰瘍、糖尿病患者都不適合食用。

食用建議

- 熱食為宜。

- 女性朋友生理期會悶痛，經血量大者，建議在非生理期時間食用。

- 不方便烹煮的學生或外食族，可以買沖泡型的黑糖薑茶，泡好之後直接加入酒釀，省時又方便。

在台灣要購買紅棗，可以選用苗栗
公館鄉的產品，此地栽種紅棗有一百
多年的歷史，紅棗品管十分嚴格，不
用除草劑，沒有農藥殘留，而且以日
照烘乾。經乾燥的紅棗果粒雖然不大，
但外觀乾中帶亮、甜度適當、香味自
然，肉質與口感很好，選用公館鄉的
紅棗可以很放心，不用擔心吃到加了
防腐劑或燻了硫磺的紅棗。

而台灣的桂圓則以台南市東山區與
南投縣中寮鄉栽種面積最大、品質也
最好，現在很多農民依舊遵循古法，
使用龍眼木當燃料，柴燒炭焙桂圓乾，
與煙燻味，一天翻面數次，讓每顆都
能平均受熱，每窯製作約需4至5天
才能完成，耗時費力。

這種方法需要真功夫，必須固定時間
查看火窯，火不能過大，也不能熄火，
要把火候控制得很好，還要忍受高溫

九台斤的新鮮桂圓經乾燥後，成為
三台斤帶殼的桂圓乾，而這三台斤的
帶殼桂圓，經過耗時耗工的去殼、去
籽後，才能成為一台斤的桂圓肉。真
是粒粒皆辛苦呀！

滋陰補氣 · 桂圓紅棗酒釀　(1人份)

{材料}

桂圓肉約 5 顆、紅棗 3 顆、酒釀 1 大匙、水半碗

{做法}

1 紅棗先用水洗淨備用。

2 把紅棗和半碗水入鍋煮滾。

3 再加入桂圓肉，以小火煮 3 分鐘，熄火。

4 將酒釀加入煮好的桂圓紅棗湯中拌勻，即可起鍋食用。

好吃的秘訣

* 桂圓紅棗酒釀還可加入蛋包或蛋花，也是兼顧營養與口感的吃法。

* 桂圓肉與紅棗本身就有甜味，而且桂圓肉具有特殊的清甜香氣，如果想要再加入紅糖或黑糖，請酌量添加，避免因味道不合造成口感不佳。

貼心提醒

適合對象

○ 需安神養心、改善失眠健忘者；生理期不適、體質虛冷者，可改善手足冰冷並溫暖全身；女人的各個階段，如青春發育期、坐月子、哺乳期、更年期調理都適合食用。

✕ 有口乾舌燥、胃脹、咳嗽等症狀者不適合食用；心火旺盛、內熱痰火或燥熱體質者，以及懷孕、生理期出血量過多和糖尿病患者避免食用。

食用建議

需要調理的對象以熱食為宜。

如果想要變換不同配料，建議用法如下：

枸杞：10 顆枸杞與桂圓肉一起煮，可明目、潤肺、滋補肝腎、抗衰老。

黃耆：2 片黃耆與紅棗一起煮，可補氣、增強免疫力。

當歸：量多會有苦味，只要小小一片就好，與紅棗一起煮，可補血、活血、調經。

不同的酒釀吃法，除了口感風味各有千秋之外，還會帶來截然不同的心情感受。每次吃酒釀時總是處在愉悅的幸福感中，隨著不同的吃法，腦海中常常響起不同的音樂，有時候甚至還會覺得有畫面出現。酒釀時而狂野，時而甜美的個性，很適合用舞蹈的風格來形容它。

例如吃酒釀蛋時，隨著湯匙在碗中攪動，似乎看到酒釀與蛋花跳著優雅的華爾滋；喝著薑汁酒釀時，薑的狂野與熱情挑逗著甜美的酒釀，宛如在跳探戈般。大人小孩都愛的果漾酒釀，就像寶萊塢歌舞劇般，青春甜美、熱情洋溢。

不管屬於何種曲風，給我的感覺都是活潑外向的，所以我常常在想，如何讓外向的酒釀也能像品茶一樣的沉穩，如何讓品酒釀也能像品茶一樣很優雅？於是我設計了「茶香果漾酒釀」，並且在品味的步驟搭配下，腦海中時而響起輕快的古箏樂曲，時而響起悠揚的古琴聲。原來我的酒釀是可以動如脫兔、靜若處子的。

動靜皆宜 · 茶香果漾酒釀　（1人份）

{材料}
傳統酒釀1大匙、紅麴酒釀1大匙、茶葉適量（選用比較清香的茶種）、各式配料適量（包括果乾、葡萄乾、枸杞等，可依喜好選購搭配）

{做法}
1　將低溫果乾剪成小塊備用。

2　紅白酒釀舀出放入碗中，將剪成小塊的果乾與其他配料擺在上面。

3　茶葉以壺沖泡好，倒入聞香杯中，即可開始品嘗。

{品嘗方法}
1　先將聞香杯熱茶緩慢由碗邊倒入酒釀碗中。

2　嗅吸聞香杯，品味茶香，藉由溫熱的茶香蒸氣舒緩鼻腔，讓鼻子通暢有助品嘗。

3　以湯匙舀一小口傳統白酒釀品嘗風味，接著品嘗一小口紅麴酒釀。

4　將傳統白酒釀加一點茶湯品嘗；接著品嘗紅麴酒釀，同樣加一點茶湯。

5　再將酒釀、茶湯及果乾混合拌勻，即可直接食用。

6　專心感受口腔中酒釀與果乾香氣的跳動與茶香竄鼻的特殊香氣。

好吃的秘訣
- 挑選水果乾種類時要考慮視覺顏色，以及酒釀、茶湯的口感協調。
- 茶種建議挑比較清香的貴妃紅茶、東方美人、金萱、烏龍、包種茶。
- 必須選用具有香氣的酒釀才能品出真正的感覺。

貼心提醒

適合對象
○ 一般人都適合。

✕ 患有糖尿病或有飲食限制的患者，食用前請諮詢營養師或醫師。

食用建議
夏天冷食，冬天熱食。

夏天可以使用香氣足夠的冷泡茶。

建議使用全營養低溫風乾的水果乾。以當令當季生鮮水果經低溫烘乾，不會破壞水果的營養及酵素，卻能改變水果寒性問題。

另類的酒釀湯圓

圓滾滾的湯圓 Q 軟好吃，很多人都喜愛這種口感。小時候只有冬至與元宵這兩個固定時間有湯圓可以吃，除非遇到有人嫁娶或是大拜拜，才有機會多吃幾次湯圓。

童年時，每當吃湯圓的節日就會看到外婆忙著洗米、泡米、磨米、壓乾，然後將滾燙、冒著煙的「粿脆」揉進壓乾撥散的糯米粉中——每次看到這個步驟，都會懷疑外婆有練過鐵砂掌。揉好後，外婆就會取出一部分糯米糰來染成紅色，然後全家總動員開始搓湯圓，一邊嘻嘻哈哈比賽誰的湯圓搓得最漂亮。

曾經看過父親一次同時搓好幾顆湯圓，而且搓得又圓又亮；小朋友的手掌就那麼一丁點大，一顆湯圓都嫌大顆了，哪能同時搓好幾顆，所以總是帶著佩服的眼光看著父親。

好不容易終於等到要煮湯圓了，我總是喜歡擠到鍋邊看熱鬧。外婆怕我燙著、也怕我礙事，都要我站遠一點，其實我只是想盯著自己做的湯圓下鍋。可是明明盯著它下鍋，煮熟一浮上來怎麼全都長得一個樣？但是至少是在屬於我的那個角落浮上來的，眼睛雖然盯著它看，卻敵不過外婆的快手攪動，這下子完全認不出來了啦！只能帶著失望的心情坐在廚房的椅子上等著吃湯圓。

每當此時就會在心中告訴自己，下次一定要將自己做的湯圓做個記號，捏一個不一樣的形狀，這樣煮好才好相認，才能吃到自己親手搓的湯圓，現在只好將碗中的湯圓「視同己出」，全當成是自己做的囉！

吃著一顆顆 Q 軟的湯圓，期盼快點長大的我，常常邊吃邊傻笑，因為只要吃完湯圓就又長一歲了。好不容易到了隔年搓湯圓時，自己一樣安分守己不敢調皮，誰叫我去年吃了湯圓，今年長了一歲，當然就要越來越懂事才行。

隨著工商社會的進步，現在想要吃湯圓好方便，不論是傳統市場或是超市，天天都有在賣。如果懶得煮，也可以在夜市或甜點店裡買到煮好的各種湯圓甜品，不需要像以前那麼辛苦才能吃到。

不過，當傳統湯圓商品化後，為

了延長商品保存期限、增加口感、讓顏色更漂亮，廠商都會放入食品添加劑。每次買湯圓時，就很懷念以前親手做湯圓的情景，而現在很容易就可以買到糯米粉，不用再自己磨米，所以會做湯圓的人還是自己做吧！

傳統湯圓只有紅白兩色，而且紅色還是用色素來染色，雖然是食用級色素，但能不用就盡量不用，不妨運用一些天然的蔬果汁來改變湯圓的顏色，例如紅麴粉、甜菜根汁、紅龍果汁做成紅色湯圓，胡蘿蔔汁做成橘色湯圓；綠色可以用綠茶粉或菠菜汁；黑色則使用芝麻粉或仙草原汁。讓湯圓不僅看起來顏色繽紛，吃起來也更健康。不過糯米還是不容易消化。

倒是吃起來一樣QQ軟軟的芋圓比湯圓好消化多了，芋圓是用芋頭加上番薯粉及樹薯粉做成，含有芋頭中的纖維。此外，材料還可以改用地瓜、山藥、南瓜，做成地瓜圓、山藥圓、南瓜圓，只要將它們揉成圓球，就可以當成另類的彩色湯圓啦！這是兼顧口感與健康的好方法。

紅白湯圓搓出許多人童年的回憶，但芋頭、地瓜做的圓仔，更好消化與美味。

營養加分 · 彩虹圓酒釀　（1人份）

｛材料｝

彩虹圓（各種湯圓，可自製或購買）約半碗、傳統酒釀 1 大匙、紅麴酒釀 1 大匙、水半碗（湯底用）、冰糖少許

｛做法｝

1 水燒滾，放入彩虹圓煮至浮起，撈出放在碗中。

2 接著另外煮湯底，鍋中放入半碗水煮滾，加入少許冰糖調味。

3 冰糖溶化後，熄火起鍋，將湯底倒入裝彩虹圓的碗中，

4 加入傳統酒釀與紅麴酒釀，拌勻後即可食用。

好吃的秘訣

- 自製彩虹圓，可以加入少許糖，吃起來口感比較好，但為了健康也可以不放糖，改加入酒釀湯汁及少許酒釀混合後揉製，這樣煮好的彩虹圓會多了不同的風味。

- 使用紅麴酒釀是為了讓色澤更漂亮，還能幫助身體減輕負擔。

- 煮湯底時可以添加桂花醬或玫瑰花醬來提味。

- 可用桂圓肉煮湯底，但量不要多，以免湯底顏色過深，彩虹圓及酒釀加入後「賣相」變差。

- 各種彩虹圓的色彩原料參考：

白色：白山藥　　紅色：白山藥、紅麴粉　　橙黃色：紅心地瓜、南瓜

黃色：地瓜　　　綠色：白山藥、綠茶粉　　紫色：紫山藥、紫地瓜

淡紫色：芋頭

貼心提醒

適合對象

○ 一般人均可食用，尤其很適合小朋友、第一次吃酒釀與不敢吃酒釀的人。

✕ 年紀太小的幼童和老人家，由於咀嚼能力不佳、消化不好，不建議食用；糖尿病患避免食用。

食用建議

- 冷熱皆宜。

- 消化不良的人食用時請細嚼慢嚥。

- 也可以不用湯底，彩虹圓煮好直接加入酒釀拌勻吃。

清涼一夏 · 果漾冰酒釀

（1 人份）

｛材料｝

綜合水果罐頭 2 大匙、傳統酒釀 1 小匙、冰開水或碎冰少許

｛做法｝

1　將綜合水果舀入杯中。

2　倒入少許冰開水或碎冰，調整自己喜歡的甜度與溫度。

3　接著將傳統酒釀淋在水果上，拌勻後即可食用。

好吃的秘訣

- 選用的水果種類及顏色可多樣化，讓整體色彩繽紛，增加視覺效果也提高食慾。新鮮水果切丁時，以一公分立方的大小最適合，也可以挖成小圓球。

- 罐頭種類最好是挑選含有水蜜桃、櫻桃等的綜合水果罐頭，這樣口感及色彩感覺最好。如果覺得水果罐頭太甜，可加入一些新鮮水果丁降低甜度，也可以全部改用新鮮水果丁。

- 若使用新鮮水果，可挑選不同軟硬度的，能吃到不同的咬感；並挑選部分甜度適中、部分酸酸甜甜的水果來搭配。

貼心提醒

適合對象

○ 一般人均可食用，尤其是小朋友、第一次吃酒釀及不敢吃酒釀的人。

✗ 不論是生鮮水果或水果罐頭甜度都不低，不建議糖尿病患食用。

食用建議

- 可加入紅麴酒釀，但是不適合兒童、懷孕期、哺乳期的人。

- 材料分量可依照自身喜好調整。如果覺得太甜了，可以多放些冰開水或碎冰；初次接觸酒釀可以放一點就好，但喜歡酒釀的人也可以多放一些。

香甜誘人 · 果漾暖酒釀　（1人份）

{ 材料 }

綜合水果罐頭 2 大匙、傳統酒釀 1/2 大匙、
紅麴酒釀 1/2 大匙、水半碗（湯底用）、
冰糖或果寡糖酌量

{ 做法 }

1　將湯底用的半碗水倒入鍋中先煮沸。

2　放入綜合水果，輕輕攪拌，以小火再次煮至沸騰。

3　接著加入冰糖或果寡糖調味，熄火起鍋，裝入小碗。

4　最後加入酒釀拌勻，即可食用。

・・・・・
好吃的秘訣

- 選用的水果種類及顏色可多樣化，讓整體色彩繽紛，增加視覺效果也提高食慾。

- 挑選有水蜜桃、櫻桃等水果的綜合水果罐頭，這樣口感及色彩感覺最好。

- 可加入新鮮水果丁一起煮，增加水果香氣與口感，切丁時以一公分立方的大小最適合。挑選新鮮水果以耐煮為宜，如蘋果、梨、鳳梨。

- 新鮮水果經過加熱，會將酸度煮到水中，而水果罐頭再次加熱，會釋出糖分，所以加冰糖或果寡糖要酌量，慢慢調整口感。

貼心提醒

適合對象

○ 一般人均可食用，尤其是小朋友、第一次吃酒釀及不敢吃酒釀的人。

✕ 不論是生鮮水果或水果罐頭甜度都不低，不建議糖尿病患食用。

食用建議

每個人對於紅麴酒釀的接受度不同，如果是一次煮多人份，可以先不要加入紅麴酒釀，讓喜歡紅麴的人食用時自行添加。

冰涼陶醉 • 果漾酒釀雞尾酒 （1人份）

〔材料〕

綜合水果罐頭 1 罐、傳統酒釀 900 公克、紅麴酒釀 100 公克、冰開水 2000cc、冰塊適量、果寡糖或蜂蜜適量

〔做法〕

1 先將傳統酒釀及紅麴酒釀倒入裝雞尾酒的玻璃容器中，並均勻攪拌至散開。

2 再放入綜合水果罐頭攪拌，使水果與酒釀均勻混合。

3 接著倒入冰開水及冰塊，攪拌均勻。

4 最後酌量加入果寡糖或蜂蜜，調整甜度後即可上桌。

好吃的秘訣

- 選用的水果種類及顏色可多樣化，讓整體色彩繽紛，增加視覺效果也提高食慾。
- 挑選有水蜜桃、櫻桃等水果的綜合水果罐頭，這樣口感及色彩感覺最好。
- 可加入新鮮水果丁增加水果香氣與口感，切丁時以一公分立方的大小最適合。新鮮水果丁也可挖成小圓球。
- 挑選新鮮水果時，硬度以類似蘋果、梨為宜，如太軟像奇異果、草莓容易爛掉，太硬如芭樂則口感不佳。
- 用冰開水及冰塊維持酒釀雞尾酒的冷度，食用期間才能維持一致的口感。

貼心提醒

適合對象

○ 一般人均可食用，尤其是小朋友、第一次吃酒釀及不敢吃酒釀的人。

✕ 不論生鮮水果或水果罐頭甜度都不低，不建議糖尿病患食用。

食用建議

- 冰涼食用，口感最佳。
- 酒釀雞尾酒最好現做現吃，因為酒釀是活菌，太早做好放在室溫超過 3 小時，當溫度升高時，就會繼續發酵使口感改變。

平民珍珠燕窩 · 銀耳拌酒釀 （1人份）

{材料}

白木耳適量（先煮多份備用）、酒釀 1/2 大匙

{做法}

1 先處理白木耳，充分洗淨後泡水 1 小時，期間要換兩三次水，
待膨脹柔軟後，去掉硬蒂，以電鍋或燜燒鍋煮至自己喜歡的軟
硬度，整鍋放涼，連同湯汁放入冰箱冷藏備用。

2 吃之前再將白木耳連湯汁舀至碗中，然後加入酒釀，拌勻即可食用。

好吃的秘訣

* 白木耳除了可煮成個人喜好的軟硬度外，不同熟軟度還可以分別烹煮及處理，例
如將有脆度的白木耳用果汁機打成小顆粒，煮得比較軟的白木耳打成大顆粒，再
將兩種混入煮成稠狀的白木耳中，就可以模仿燕窩的感覺。

* 白木耳煮好以後放冰箱冷藏備用，一定要等到要吃的時候再加入酒釀拌勻，如果
太早將白木耳與酒釀混合，即使放冰箱也會因酒釀繼續緩慢發酵而影響風味。

* 可以用傳統酒釀，也可以使用紅麴酒釀，或者兩者都放。酒釀的分量可因人調整。

貼心提醒

適合對象

○ 白木耳又稱銀耳、雪耳、富含蛋白質、胺基酸、維生素 B 群與鈣、鉀、磷等礦物質，可安神益氣、滋陰潤肺、美膚養顏、養胃潤腸、健腦強心，並具有抗發炎、抗腫瘤、增強免疫力、降低高血脂、抗氧化等作用。由於含有豐富的膠質，口感滑潤順口，適合一般人食用，更適合老人家食用。

✕ 如有腹瀉、外感風寒、出血症、糖尿病患者則不宜食用。

食用建議

* 冷熱皆宜。

* 白木耳一次多煮一些，裝盒冷藏或分小包裝冷凍，熱食時再取出加熱。

* 可加入百合、蓮子、紅棗、枸杞、黑木耳等食材增加豐富感。

簡單一湯匙，隨意可搭配

以往在大家的觀念中，酒釀要煮來吃，而且通常都是冬天吃，看了本書，希望大家已經有新的觀念：不論寒暑每天吃，而且可以不用煮，直接在點心中放上一湯匙，美味又簡單。

夏日冰點的新搭檔

在夏天我們會吃很多冰涼的點心來消暑，像是綠豆湯、紅豆湯、冰糖蓮子、愛玉、仙草、粉粿、米苔目……等等，或者是將罐頭點心冰在冰箱，例如花生牛奶、八寶粥、紅豆粉粿、珍珠圓，或是布丁、奶酪、果凍、茶凍等。在吃這些點心時，都可以加 1～2 湯匙的酒釀一起吃，這樣不但讓點心有不同的風味，還能在夏天用酒釀調理身體。

茶飲也能加酒釀

當我們喝各式花草茶、菊花茶、花果茶、檸檬汁、金桔檸檬、蘆薈蜂蜜、酸梅湯、紅茶、綠茶等飲品時，無論冷熱，都可以適量加入酒釀。只要記得吃之前才加入酒釀，而且不要一次調太大杯，以免因放置時間過久，酒釀繼續發酵，味道就沒那麼好了。

用沖泡飲品當酒釀湯底

現在隨手沖泡飲品種類繁多，像冬瓜茶、黑糖牛蒡、黑糖烏梅、寒天海燕窩、菊花枸杞、玫瑰四物、黑糖四物、桂圓紅棗、薑母茶、桂花、蔓越莓、人蔘等等，不管想得到或是想不到的，市面上通通都有，對消費者來說是非常方便，但在購買時要注意成分標示中是否有香精或色素；如果是標榜使用黑糖熬製，成分中就不該出現焦糖。這些飲品都可以當成酒釀的湯底，直接加入酒釀一起吃，讓酒釀呈現不同的風味口感。

如果真的想吃又懶得煮、也懶得加東加西，就直接吃吧！嫌太甜或太冰就舀一湯匙酒釀放入碗中，加些溫開水稀釋攪拌一下，就可以直接吃了。

早餐中的酒釀

在我的家鄉湖北武漢與潛江一帶，酒釀蛋是在店裡當早餐賣。

其實溫熱的酒釀蛋很適合拿來當早餐，反觀今日西式早餐當道，很多人為了求方便，都是一早就吃冰涼的餐點，而身體消化這些食物必須要耗掉更多的能量，難怪有些人一個上午都覺得疲憊，昏昏欲睡。

早餐要溫暖營養易消化

人體經過一整晚的休息與儲存能量後，一早醒來又要投入一整天繁忙的工作，所以早餐非常重要，早上七至九點，也是中國傳統醫學中所說的胃經運行時間，此時胃氣充盛，如果能選擇溫熱、營養豐富、容易消化與吸收的好食物來當早餐，整天都能精神百倍。

早上的腸胃嬌貴，一早起床並不適合吃生冷、煎炸的食物，也不要把太粗重及分量太多的肉食當成營養的來源，更不適合喝冰冷的飲料來搭配早餐，因為胃必須在一定的溫度下，才能發揮最好的狀態進行食物的消化工作。當冰冷的食物進入胃中，胃很容

就讓酒釀出現在早餐桌上吧！無論吃什麼都可以加上一湯匙一起吃，讓身體迅速獲得養分補給。

易「當機」，必須耗用身體很大的能量重新啟動，提升胃中食物的溫度；而耗用太多身體能量，容易讓人覺得疲累，等身體開始吸收營養時，又會讓人想睡覺。

酒釀的營養豐富，而且所含的養分經由麴菌的發酵作用後，人體可以直接吸收，能夠很輕鬆的將酒釀中的營養成分當成能量來用，減輕消化系統繁重的工作量。

又因為葡萄糖是腦部唯一使用的醣類，酒釀中所含的葡萄糖能迅速為身體所使用，所以等於直接先幫頭腦充電。在不耗用身體能量又能幫身體補充營養的情形下，當然能迅速達到頭腦清晰、精神百倍的狀態。

酒釀早餐吃法

酒釀當早餐來吃，除了可以煮酒釀蛋外，加在稀飯中也十分好吃。沒辦法煮食的人可以把酒釀加入沖泡的即食早餐包中，如五穀粉、麥片、芝麻糊等，這類吃法也可以當作兩餐中間肚子餓時補充能量用。

如果將酒釀加入牛奶、豆漿中則要盡快喝完，要不然因為酒釀有凝乳的作用，會讓牛奶與豆漿結塊喔！

即使是外食族或無法開伙的人也可以享用酒釀早餐，例如在沖泡麥片中加入一匙，攪拌後食用，還可以替代甜味，是營養又健康的吃法。

老酒釀也有春天

食品安全的意識抬頭，大家買東西時都會注意看製造日期與有效期限，這是一個保護自己與家人的好習慣，絕對值得繼續推廣。

但是為酒釀標註有效期限這件事，曾經讓我很困擾，對我而言酒釀是沒有所謂「有效期限」的。

酒釀只要未經過殺菁，不受到雜菌汙染而發霉或變味，可以陳年保存不會壞。新鮮嫩酒釀與老酒釀，甚至陳年酒釀，口感與用途都不同。有些人也喜歡刻意把酒釀放老，再來煮酒釀蛋，覺得這樣才夠味。但如果直接在有效期限上標明無使用期限，必定會讓多數不了解酒釀的人群起撻伐。

酒釀也是廚師愛用的調味料之一，尤其是老酒釀可以去腥、提味、醃漬……增加食物的甜度。例如蒸肉、清蒸魚、糖醋魚、豆瓣魚、乾燒魚頭、蝦球、魚香茄子、魚香肉絲等料理中都可以使用酒釀。

如果用於醃漬，在肉品上可使肉質軟嫩；醃漬涼拌菜時，有味酥及鹽麴的效果；做成醬汁時，酒釀多樣細緻的風味口感，可以幫醬汁的滋味加分。

老酒釀還有一個非常棒的用途，就是用在麵食類，把麵糰用老酒釀來發酵，就像做老麵一樣，可做成酒釀餅、酒釀饅頭，做出來的麵食口感好、味道香，吃起來也好消化。

蒸魚時加入酒釀，可去腥提味，讓鮮味更甜美。

金貴的家傳酒釀

在自立甜酒釀購物網站還沒成立時，新客人購買前通常會先打電話來詢價，客人聽完報價後的反應大多是客氣地說：「你們家的酒釀好像有一點點貴。」

而我都會告訴他們：**「我們的酒釀不是好像有一點點貴，我們家的酒釀是超級貴，而且我有查過目前是全世界最貴的酒釀。」**每次客人聽到這裡都會忍不住的笑了，並且回答我說：「哦！是嗎？」因為他們沒有想到我會這樣回答。

一般人聽到客人嫌東西貴，一定會一直解釋他們的東西一點都「不貴」，而我卻是直接告訴客人，不是「好像」也不是「有一點」，我們的酒釀真的是「世界貴」，然後我才會告訴客人，為什麼我們的酒釀價格會訂得這麼高？訂價標準在哪裡？我認為客人買不買是一回事，要讓客人能認同與肯定我的「產品價值」才是最重要的。

原來是虧本的小生意

早期父母要賣酒釀時也不知道該如何來訂價，因為糯米是民生用品，即使漲價，在價錢上都還是屬平價，加上眷村房子是自己的又不用房租，水電及瓦斯也是跟平時一樣在用，也不必花錢請人，算一算場地、水電、瓦斯、人工，好像都沒有多用到錢，算下來只有糯米、酒麴及物料瓶子會花到錢，而且在自己眷村賣，當然要比外面便宜才行，所以父母就用原料成本為基礎去訂價，但因為是手工製作，加上父親在製作過程中要求的細節特別多，工多之下產量就少，加上售價便宜，所以我家的眷村酒釀就一直只是個小生意。

母親每個月結算賣酒釀的錢時都好高興，覺得那些都是賺到的，能貼補家用，後來我才知道這些錢連他們的工資都不夠支付。撇開年紀問題，如果他們以同樣的工時去工廠上班，領的錢還比賣酒釀要多很多，他們看到的現金只是勞力換來的工資，<u>真正做生意「賺」錢，是扣除所有開銷後的盈餘才叫賺，他們做的根本就是虧本生意</u>，像水電瓦斯費，由於增加得不多，就完全沒察覺地倒貼著。因為不知道，所以就很滿足，其實有時候只要日子過得下去，不知道也是一種幸福。

我天生就對數字無感，這種計算成本的事情，我一點興趣也沒有，因此初接手家傳酒釀時，就沿用父母親訂下的價格，在眷村及網路上賣。因為我跟先生也都是利用假日才做，所以產量依然有限，也一直很低調，不敢到處宣傳，只靠口碑相傳，賣給熟悉的老客戶，跟父母親一樣維持著我們的小生意。

生意太好反而關門大吉?!

後來去參加政府為協助女性創業所舉辦的「飛雁計畫」，與會學員都要為自己設定發展方向，其中我的「家傳酒釀」被所有顧問老師看好，覺得是可以發展的事業，都鼓勵我要做下去。在一百多名學員中經過多次篩選，我還獲選為結業時上台報告的少數學員之一，現場專業顧問也針對問題給予建議與分析。當時報告中，除了要介紹與行銷自己的產品，還要有產品訂價與成本分析，我記得在我清楚介紹完後，全場給予熱烈掌聲，每位評審顧問都說好想吃到我們家的酒釀，但是顧問也給了一句令我很震撼的評語，他說：<u>「依妳這樣繼續做下去，很快就要倒店關門大吉了。」</u>

現場一片譁然，因為顧問才剛表示這是可以做的生意，還稱讚以後生意一定會很好，怎麼會倒店呢？

顧問接著說：「你們倒店的原因，是因為生意太好才倒的，不是因為生意不好沒人買。」顧問要大家想一想為什麼？

依稀可以聽到台下有人傳出一些聲音，「應該是純手工，所以產量做不出來吧！」、「因為擴充太快，資金周轉或是訂單沒銜接好」、「因為量大而品質變不好了」……

大家七嘴八舌把這一期自己學到的都搬出來說一輪，此時顧問才緩緩地說：「因為你們的成本計算方式錯誤，

都上漲了，米價更是調漲不少，所以曾經決定把酒釀調漲 5 元，但當時勤儉持家的眷村客人完全不能接受……父母很強硬地不肯漲價，於是我讓步了，就因為是小生意，而且酒釀並不是我們的主業，我的目的是傳承技術，只要能夠生活，日子過得下去，我也就不再提漲價的事了。

一天賺 250，真是殘酷的事實

那年的冬至前後，酒釀訂單大增，同時間除了原有的眷村客人外，還有酒釀社群上的客人、香皂社群的皂友、飛雁課程認識的酒釀同好都來訂購，應接不暇的訂單讓我辭掉所有的課程邀約，與先生全力投入生產。

那個月我跟先生兩人，每天睡不到四個小時，如果以工作時數來計算，等於投入相當於四個人力的工時，而且還有父母親跟女兒都來當義工。因為實在銷量太多，讓我每天都期盼著月底結算的成果，好不容易忙到了月底，父母親光看用米量，就直誇我們一接手就破了他們單月用米的紀錄，我當然也好高興，感覺被青出於藍的光環圍繞。

我請先生快點結算，因為爸媽以往此時業績最好的紀錄是二萬塊的營

那是虧本生意，生意越好虧越大，現在小小的做不覺得，如果當成事業來經營，全職投入後馬上就倒店了。」後來顧問一再叮嚀我回去後一定要重新計算成本，重新訂價。

那一期的課程讓我學到很多新觀念，回去後就跟父母親提議要調漲酒釀的價格，令他們大為震驚。母親告訴我，在他們賣第十年時，覺得物價

業額，所以我就自信滿滿地跟先生說：「**我們這次光看用量米就知道比爸媽多出了好幾倍，我有預感，保守估計收入應該超過十萬塊。**」當先生結算後公布營業額是六萬多塊時，爸媽像中了頭獎似的好高興，覺得我們實在太棒了，已經超出他們三倍的業績了，但因為跟估算的十萬元有些差距，我顯得有點失落，總覺得每天賣出那麼多的酒釀，怎麼可能只賣了六萬多塊?!心中隱約覺得不太對勁，回家後越想越不對，拿出紙筆與計算機

想要解除疑惑，數字白痴的我用最簡單的減去法唱起獨腳戲。

「假裝我們就賣六萬塊好了，我跟先生兩個人平分，一人一半，哇！一個人有三萬元耶！」

「不對！我們雖然是兩個人，可是我們做了四個人的工時呢！所以要再分一半，就是一萬五，也還是不錯啊！這樣好像也不對，這是營業額，還有原物料的成本還沒扣到。」

「太麻煩了！就當成利潤很好，賺對半好了。所以要再扣一半，那就是

七千五，數字看起來還滿多的嘛！」

「但是我工作一整個月沒休息耶，這樣一天到底賺多少錢？那就除以 30 天吧！什麼！我一天才賺 250 元的工資。時薪竟然還不到 32 元，去超商打工的錢也比這個多吧！」

「我竟然會把鐘點費優渥的課程全推掉，跑去做酒釀，結果竟然……如果我不調價，又把它當成主業，全家真的要喝西北風了。」

「沒錯！這就是顧問說我們會因為生意太好而倒店的情形。」

家傳酒釀的傳承危機

那天整晚失眠，第二天我躺在床上手腳發軟起不了床，第三天也是，第四天也是，整整在家躺了一個禮拜，拒絕去做酒釀，也不開電腦看酒釀社群，完全沒有心力再繼續做下去。

一個禮拜以後，我跟爸媽及先生宣布，「我不做酒釀了，我也不賣酒釀了，從此結束，就讓大家永遠懷念這個味道好了。」

此時正值酒釀旺季，全家人都快忙死了，覺得我到底在搞什麼呀！又不是生意不好才要收起來。我告訴他們就是因為生意太好才要收起來，然後把來龍去脈及成本算法說給他們聽。

而大家既不贊成收起來，也不願意調價，最後我只好使出殺手鐗：「只有兩條路，要繼續做就調價，不調價就關門，你們不接受調價，我就在網路上宣布不做，然後把社群關掉。」

於是先生答應調價，但是他表明只負責酒釀生產，成本分析及價格計算

方式要由我去規畫。對有數字恐懼症的我來說，這分明就是將我一軍，我只好硬著頭皮說：「沒問題，我來負責成本計算。」看到先生已經棄守，父母親小聲的問我：「那要調多少啊？好多年前我們才調5塊錢就被客人言語攻擊了……」我說：「這已經不是調5塊錢就能解決的問題了，我不會亂調，會有一定的依據，必要時就去詢問一些專業顧問。」最後父母在不安中總算答應了。

感謝客人們的無私，才有今天

當時內心五味雜陳，還曾經盤算著如果客人不接受，剛好順勢下台一鞠躬，就此結束。所以我先在MSN的「自立甜酒釀社群」中分享了這次酒釀因為生意太好面臨倒店的慘痛經驗，並且誠心誠意告訴客人目前面臨的危機。如果要繼續做酒釀，就必須要調價，而且調幅必定很大，若大家無法接受，就要結束營業了。我把內心的掙扎與煎熬誠懇地跟酒釀社群中的客人們告白。

沒想到文章一放上去，支持的聲音從四面八方而來，他們直接在網路上精神喊話，「拜託」我們一定要堅持下去，千萬不能被擊垮。每一位都贊成我們調價，甚至用上了「拜託！請你們一定要調價！」的字眼。有些客人會將比較私密的鼓勵話，直接寄到我的信箱，還有人乾脆打電話跟我長談，給我最熱情的鼓勵，我完全沒料到在這個幾百人的酒釀社群裡，竟然一句負面的話都沒有出現，每天看到的留言都是催促我趕快調價的聲音及詢問新價格的訊息，我猶如被打了一劑強心針，這股力量推動著我積極的去計算新價格。

為了價格訂好後就不會再因物價波動又很快面臨調整，所以我必須要設想周全，同時記錄我們每個生產環節所需要的人工數量及工作時數，把所有的人力成本都計算在內，以免未來真的必須付工資找工作夥伴。

在做這些記錄時更覺得父親為什麼要訂這麼多規矩呢？曾經想要簡化步驟，降低成本，但現實的結果就是會失去家傳酒釀的特殊口感香氣，只好維持那些繁瑣製程，畢竟那就是我們家的特色，否則家傳酒釀對酒釀公主來說就不再是「外婆的酒釀」了。

以行動支持天價酒釀的天使客人

終於忐忑不安地公布了天價的酒

釀價格，並告訴大家我計算成本的方式。公布後，漲價風波在一片歡呼聲中愉快的落幕，網友也以揪團團購的方式支持我們，怎麼能不令我感動與感恩呢！

當初真正支持我繼續做下去的，不是調高價格後所帶來的合理收入，而是為了不辜負這一路相伴、支持、不離不棄的天使心客人們，他們的期盼與支持，讓我有足夠的心力為延續傳承而做酒釀。

前兩年曾經有創投公司對我們很感興趣，希望了解我們的成本，在他將人工成本算出後，很訝異告訴我說：「你們這瓶酒釀賣 680 元，我光算工錢就入不敷出了，都還沒有算原物料及水電、瓦斯、場地等其他的成本，這要怎麼做批發呢？我們一定要找出解決的方法才行，要不然這麼好的東西沒有推出來很可惜。」真正了解內幕的人，就會調侃我們「要不是做心酸的，就是做來歡喜的」。真的，我們真的是做歡喜的，支持我們的客人沒有為了自己的利益，反而以無私的行動來支持我們，那我們為什麼不能為了他們，而高興歡喜地傳承下去呢？唯有繼續傳承下去，才是回報當初這份天使心最好的方法。

第二次的甜酒釀傳承危機

在 2013 年 6 月由不丹帶回幸福的不丹酒麴後，心裡就想著冬天要來試做不丹酒釀看看，或許能激出什麼樣不同的火花。

但是很不幸就在冬至前夕，由於鄰居燃放炮竹，不慎將我們的酒釀小屋燒毀，26 年的心血付之一炬，幾乎是全毀了。家傳的菌種、各種年份的陳年甜酒醋、寫書用的資料與相片，酒釀文物館的紀念文物，這些寶貝不是燒毀就是泡在消防水中，當時只能與時間賽跑，全力搶救還能救的心血。

經過一年八個月的修復期，度過了 26 年來二個沒有酒釀的冬至，要不是所有的酒釀客人不離不棄地為我們打氣加油，我們應該會撐不下去。何其幸運的，我在兩次陷入危機時，能收到如此滿滿的支持與鼓勵，往後除了以高品質的酒釀回報外，這本酒釀書也將是我回報酒釀好友們的最佳方式。

我的酒釀願景與酒釀夢

這幾年陸續都有人想要投資我們，是因為大家看到我們特別的地方，覺得這是一個可以賺錢的事業，但我只希望合作者要能與我有相同的理念。

賺錢固然重要，但是我希望酒釀所帶來的財富，除了讓家人溫飽以外，更希望賣酒釀的盈餘能幫助更多人，讓他們不只是生理上溫飽，而是心靈上能更富足。

希望我們的「自立甜酒釀」，將來是一個能永續經營的社會企業，不論世代替換，誕生於自立新村的「自立甜酒釀」都要能秉持與延續「自立自強，自強不息」的眷村精神。

解開對酒釀三個誤會

誤會 1：酒釀是用酒做的！

每次要介紹酒釀給新朋友認識時，常常要花費唇舌解說，因為很多人一聽到酒釀這個「酒」字，就會先說「我不喝酒」或「我很怕酒味」，都以為酒釀是用酒做的，結果把老祖宗留下來最天然、最簡易的養生妙方關在門外，不讓自己有機會來認識酒釀，真的是非常可惜。

事實上，酒釀的酒精含量非常低，新鮮酒釀酒精成分低於 0.5%（老酒釀 2%），而且所含的微量酒精是最天然的穀物酒精，它的量剛剛好促進血液循環，會讓人有很放鬆且微醺的感覺。

誤會 2：酒釀甜甜的應該是有加糖！

不會製作酒釀的人常常會問：「酒釀這麼甜，是不是加了糖下去做的？」

當然不是，酒釀中的甜味完全是由穀物中的澱粉轉換來的，就如同米飯在口中經過慢慢的咀嚼會產生甜味，這是因為唾液中的澱粉酶將澱粉分解為醣類的原因。不過也聽說過有些人加入少量糖水，讓酒釀口感變得更好，但其實只要發酵得好，根本不用這麼麻煩。

誤會 3：比較甜的叫甜酒釀，比較不甜的叫酒釀！

這是這幾年才發生的事，隨著生物科技進步後，開始販售用單一菌種（糖化菌）製的酒麴，做出來的甜酒釀非常的甜。

似是而非的味道，於是產生了奇怪的定義，把這種只有糖化菌的酒麴叫做「甜酒麴」，這種甜酒麴做出來的就稱甜酒釀，一般的傳統酒麴叫做「酒麴」，做出來的就稱酒釀，這著實是無中生有呀！

國家圖書館出版品預行編目資料

酒娘心(修訂版)：從眷村幸福酒釀開始：重新認識
真正的好酒釀，每天一湯匙甜酒釀，養生、美容、調
整體質，好吃又簡單!/龔詠涵著. -- 二版. -- 臺北市：
商周出版：英屬蓋曼群島商家庭傳媒股份有限公
司城邦分公司發行, 2021.11
 面；　公分. -- (商周養生館；49)
 ISBN 978-626-318-073-4(平裝)

1.釀造 2.製酒

463.82　　　　　　　　　　110018727

商周養生館 49

酒娘心（修訂版）：從眷村幸福酒釀開始
——每天一湯匙甜酒釀，養生、美容、調整體質，好吃又簡單。

作　　　者	／	龔詠涵
圖 片 提 供	／	張惠美、葛晶瑩
企 畫 選 書	／	黃靖卉、林淑華
責 任 編 輯	／	林淑華
編 輯 協 力	／	葛晶瑩

版　　　權	／	黃淑敏、吳亭儀、江欣瑜
行 銷 業 務	／	周佑潔、黃崇華、張媖茜
總 編 輯	／	黃靖卉
總 經 理	／	彭之琬
事業群總經理	／	黃淑貞
發 行 人	／	何飛鵬
法 律 顧 問	／	元禾法律事務所王子文律師
出　　　版	／	商周出版
		台北市 104 民生東路二段 141 號 9 樓
		電話：(02) 25007008　傳真：(02)25007759
		E-mail：bwp.service@cite.com.tw
發　　　行	／	英屬蓋曼群島商家庭傳媒股份有限公司城邦分公司
		台北市中山區民生東路二段 141 號 2 樓
		書虫客服務專線：02-25007718；25007719
		服務時間：週一至週五上午 09:30-12:00；下午 13:30-17:00
		24 小時傳真專線：02-25001990；25001991
		劃撥帳號：19863813；戶名：書虫股份有限公司
		讀者服務信箱：service@readingclub.com.tw
		城邦讀書花園 www.cite.com.tw
香港發行所	／	城邦（香港）出版集團
		香港灣仔駱克道 193 號東超商業中心 1 樓　E-mail：hkcite@biznetvigator.com
		電話：(852) 25086231　傳真：(852) 25789337
馬新發行所	／	城邦（馬新）出版集團【Cite (M) Sdn Bhd】
		41, Jalan Radin Anum, Bandar Baru Sri Petaling, 57000 Kuala Lumpur, Malaysia.
		電話：(603) 90578822　傳真：(603) 90576622

封 面 設 計	／	行者創意
版 面 設 計	／	林曉涵
內 頁 排 版	／	林曉涵
攝　　　影	／	子宇影像工作室・徐榕志
印　　　刷	／	中原造像股份有限公司
經 銷 商	／	聯合發行股份有限公司
		新北市231新店區寶橋路235巷6弄6號2樓
		電話：(02) 29178022　傳真：(02) 29110053

■ 2015 年 6 月 2 日初版　　　　　　　　　　　　Printed in Taiwan
■ 2021 年 11 月 25 日二版一刷
定價 380 元

城邦讀書花園
www.cite.com.tw

廣　告　回　函
北區郵政管理登記證
北臺字第000791號
郵資已付，免貼郵票

104　台北市民生東路二段141號2樓

英屬蓋曼群島商家庭傳媒股份有限公司城邦分公司　收

- -

請沿虛線對摺，謝謝！

書號：BUD049X　書名：酒娘心(修訂版)：從眷村幸福酒釀開始　編碼：

 商周出版

讀者回函卡

線上版讀者回函卡

感謝您購買我們出版的書籍！請費心填寫此回函卡，我們將不定期寄上城邦集團最新的出版訊息。

姓名：＿＿＿＿＿＿＿＿＿＿＿＿＿＿ 性別：□男 □女

生日：西元＿＿＿＿年＿＿＿＿月＿＿＿＿日

地址：＿＿＿＿＿＿＿＿＿＿＿＿＿＿＿

聯絡電話：＿＿＿＿＿＿＿ 傳真：＿＿＿＿＿＿

E-mail：

學歷：□ 1. 小學 □ 2. 國中 □ 3. 高中 □ 4. 大學 □ 5. 研究所以上

職業：□ 1. 學生 □ 2. 軍公教 □ 3. 服務 □ 4. 金融 □ 5. 製造 □ 6. 資訊

□ 7. 傳播 □ 8. 自由業 □ 9. 農漁牧 □ 10. 家管 □ 11. 退休

□ 12. 其他＿＿＿＿＿＿

您從何種方式得知本書消息？

□ 1. 書店 □ 2. 網路 □ 3. 報紙 □ 4. 雜誌 □ 5. 廣播 □ 6. 電視

□ 7. 親友推薦 □ 8. 其他＿＿＿＿＿

您通常以何種方式購書？

□ 1. 書店 □ 2. 網路 □ 3. 傳真訂購 □ 4. 郵局劃撥 □ 5. 其他＿＿＿

您喜歡閱讀那些類別的書籍？

□ 1. 財經商業 □ 2. 自然科學 □ 3. 歷史 □ 4. 法律 □ 5. 文學

□ 6. 休閒旅遊 □ 7. 小說 □ 8. 人物傳記 □ 9. 生活、勵志 □ 10. 其他

對我們的建議：＿＿＿＿＿＿＿＿＿＿＿

＿＿＿＿＿＿＿＿＿＿＿＿＿＿＿＿

＿＿＿＿＿＿＿＿＿＿＿＿＿＿＿＿

〈就是愛酒釀俱樂部〉讀者專屬優惠活動

依季節及不同的節氣，設計專屬的主題內容，
不定期舉辦吃吃喝喝與教學 DIY 及講座聚會。

內容包括：

● 百變甜酒釀～酒釀冷熱飲、酒釀傳統吃法、酒釀創意吃法品嚐會
● 甜酒釀 DIY ～自製有機紅麴酒釀、有機傳統酒釀
● 香氛養生講座、紓壓舒眠放鬆講座、肺部淨化講座、品香會
● 酒釀新產品發表品嚐會

指導老師：酒釀教母龔詠涵老師或酒釀公主依慈親自主持
北部活動地點：覺性會館～心茶堂
北部活動地址：新北市新店區民權路 88 之 3 號 8 樓
其他縣市活動因尚無固定地點，舉辦時再另行公佈
場地茶水費：讀者享專屬優惠，各地收費不同隨活動公佈
DIY 活動會酌收材料費，酒釀品嚐會免費吃到飽
活動訊息公布方式：自立甜酒釀官方 LINE、就是愛酒釀粉絲專頁
報名方式：請至自立甜酒釀購物網【行事曆】中報名
諮詢專線：0955323302 酒釀公主依慈

 自立甜酒釀
購物網

 自立甜酒釀
官方line

 「就是愛酒釀」
臉書粉絲專頁

COVID-19 疫情期間，已排定的活動是否如期舉辦，依中央流行疫情指揮中心警戒標準決定。
主辦單位保留活動時間更動或取消之資格。

憑書參加活動享專屬優惠	憑書參加活動享專屬優惠	憑書參加活動享專屬優惠	憑書參加活動享專屬優惠
記次為主，無使用期限	記次為主，無使用期限	記次為主，無使用期限	記次為主，無使用期限
□ 報到時主辦單位勾選用	□ 報到時主辦單位勾選用	□ 報到時主辦單位勾選用	□ 報到時主辦單位勾選用
憑書參加活動享專屬優惠	憑書參加活動享專屬優惠	憑書參加活動享專屬優惠	憑書參加活動享專屬優惠
記次為主，無使用期限	記次為主，無使用期限	記次為主，無使用期限	記次為主，無使用期限
□ 報到時主辦單位勾選用	□ 報到時主辦單位勾選用	□ 報到時主辦單位勾選用	□ 報到時主辦單位勾選用
憑書參加活動享專屬優惠	憑書參加活動享專屬優惠	憑書參加活動享專屬優惠	憑書參加活動享專屬優惠
記次為主，無使用期限	記次為主，無使用期限	記次為主，無使用期限	記次為主，無使用期限
□ 報到時主辦單位勾選用	□ 報到時主辦單位勾選用	□ 報到時主辦單位勾選用	□ 報到時主辦單位勾選用

讀者加入酒釀會員，享網路購物專屬優惠

1 加入『自立甜酒釀購物網』會員享購物 95 折優惠（特殊限量商品無折扣）

2 加入『自立甜酒釀官方 LINE』輸入通關密語〈我要買一送一優惠〉，享隱藏版驚喜，400 克小包裝同等值酒釀買一送一（限購一組，運費另計）

3 當月壽星專屬優惠，兩種方案擇一使用（限購一組）

【方案一】400 克小包裝酒釀任選 3 包，含運原價 1340 元

當月壽星優惠免運 1000 元（黃金蟲草酒釀限選一包）

【方案二】1000 克大包裝酒釀任選 4 包，含運原價 2880 元

當月壽星優惠免運 1980 元（400 克黃金蟲草酒釀限選一包）

4 不定期在自立甜酒釀官方 LINE 舉行抽獎活動（免費送、買一送一、特殊折扣等）

5 每年母親節在自立甜酒釀官方 LINE 限時搶購超低折扣詠涵老師親調茉莉花膏

6 每年雙十節在自立甜酒釀官方 LINE 限時搶購 1010 元超低折扣酒釀

7 自立甜酒釀家傳酒麴限會員每年限量預購

自立甜酒釀產品與價格：

眷村傳統酒釀 1000 克／680 元 400 克／350 元	眷村紅麴酒釀 1000 克／680 元 400 克／350 元	黃金蟲草酒釀 400 克 /480 元
栀子酒釀 400 克／380 元 季節限定，每年夏季供應	桂圓酒釀 400 克／380 元 季節限定，每年冬季供應	紅棗酒釀 400 克／380 元
枸杞酒釀 400 克／380 元	野薑花酒釀 400 克／380 元 花期季節限定	眷村酒釀紅麴醬 280 克／460 元 每年限量供應
眷村紅糟辣醬 200 克／350 元 每年限量供應	家傳傳統酒釀酒麴 6 克／200 元 可做 600 克~1000 克米	家傳紅麴酒釀酒麴 15 克／250 元 可做 600 克~1000 克米

自立甜酒釀
購物網

自立甜酒釀
官方line

「就是愛酒釀」
臉書粉絲專頁